"十三五"职业教育国家规划教材

GONGYE JIQIREN
YINGYONG JISHU

工业机器人应用技术

（第二版）

主　编　蒋正炎
　　　　陈永平
　　　　汤晓华

新形态
教材

高等教育出版社·北京

内容提要

本书是"十三五"职业教育国家规划教材。

本书主要内容包括:漫谈篇——工业机器人世界漫游,认识篇——认识工业机器人,体验篇——让工业机器人动起来,基础篇——工业机器人基本训练,应用篇——工业机器人技术应用,综合篇——工业机器人综合应用和拓展篇——工业机器人"神通广大"。

本书修订将传统单一纸质教材升级为新形态一体化教材,配套了丰富的助学助教多媒体资源,助力提高教学质量和教学效率。

本书可作为高等职业院校装备制造大类和电子信息大类及其相关专业的教材,也可供有关工程技术人员参考。

图书在版编目(CIP)数据

工业机器人应用技术/蒋正炎,陈永平,汤晓华主编.—2版.—北京:高等教育出版社,2019.11(2023.1重印)
ISBN 978-7-04-053051-3

Ⅰ.①工⋯　Ⅱ.①蒋⋯②陈⋯③汤⋯　Ⅲ.①工业机器人-应用-高等职业教育-教材　Ⅳ.①TP242.2

中国版本图书馆 CIP 数据核字(2019)第 277130 号

策划编辑　张尕琳	责任编辑　张尕琳　谢永铭	封面设计　张文豪	责任印制　高忠富	

出版发行	高等教育出版社	网　　址	http://www.hep.edu.cn
社　　址	北京市西城区德外大街 4 号		http://www.hep.com.cn
邮政编码	100120	网上订购	http://www.hepmall.com.cn
印　　刷	江苏德埔印务有限公司		http://www.hepmall.com
开　　本	787mm×1092mm　1/16		http://www.hepmall.cn
印　　张	17.25	版　　次	2015 年 2 月第 1 版
			2019 年 11 月第 2 版
字　　数	429 千字		
购书热线	010-58581118	印　　次	2023 年 1 月第 5 次印刷
咨询电话	400-810-0598	定　　价	55.00 元

配套学习资源及教学服务指南

 ## 二维码链接资源

　　本书配套微视频等学习资源，在书中以二维码链接形式呈现。手机扫描书中的二维码进行查看，随时随地获取学习内容，享受学习新体验。

打开书中附有二维码的页面　　　　**扫描二维码**　　　　**查看相应资源**

 ## 在线自测

　　本书提供在线交互自测，在书中以二维码链接形式呈现。手机扫描书中对应的二维码即可进行自测，根据提示选填答案，完成自测确认提交后即可获得参考答案。自测可以重复进行。

打开书中附有二维码的页面　　**扫描二维码开始答题**　　**提交后查看自测结果**

 ## 教师教学资源索取

　　本书配有课程相关的教学资源，例如，教学课件、习题及参考答案、应用案例等。选用教材的教师，可扫描以下二维码，添加服务QQ（800078148）；或联系教学服务人员（021–56961310/56718921，800078148@b.qq.com）索取相关资源。

本书二维码资源列表

所属篇	类型	说　明
第一篇	互动练习	机器人的发展历程
	互动练习	机器人走进工业应用
	互动练习	机器人在汽车生产线中的应用
	互动练习	机器人在物流领域中的应用
第二篇	互动练习	工业机器人的分类
	互动练习	工业机器人的结构与主要参数
	互动练习	认识 ABB 工业机器人
第三篇	互动练习	工业机器人硬件安装调试
	微视频	创建工作站
	微视频	创建工作站系统
	互动练习	手动控制工业机器人
	微视频	I/O 信号配置
	微视频	用外部信号控制工业机器人
第四篇	微视频	工具坐标创建
	互动练习	工作站的构建
	互动练习	程序数据的创建
	互动练习	认识 RobotStudio 软件
	微视频	直线运动控制
	微视频	正方形运动控制
	微视频	圆弧运动控制
	微视频	圆周运动控制
	互动练习	ABB 工业机器人的维修与维护
第五篇	微视频	工业机器人搬运
	微视频	工业机器人码垛
第六篇	互动练习	工业机器人弧焊
	微视频	鼠标机器人工作站

前　言

本书是在第一版教材的基础上，根据教学需求变化，并参照最新颁发的相关国家标准和职业技能等级考核标准修订而成的。本次修订将传统单一纸质教材升级为新形态一体化教材，配套了丰富的助学助教多媒体资源，助力提高教学质量和教学效率。

制造业是兴国之器、强国之基，21 世纪以来，制造业面临全球产业结构调整带来的机遇和挑战。在我国制造业由大到强的转型过程中，企业将进行智能化、工业化相结合的改进升级，实现智能工厂、智能生产、智能物流，以机器人为引领的智能装备面临井喷式发展。工业机器人作为自动化技术的集大成者，是智能化制造的核心基础设施，其研发、制造、应用是衡量一个国家科技创新和高端制造业水平的重要标志，"机器人革命"有望成为新一轮工业革命的切入点和增长点。

本书编写面向高等职业院校装备制造大类和电子信息大类专业的学生，第一版教材出版后，受到了广大读者的欢迎，在高等职业院校得到了广泛的应用。本次修订，编者在工业机器人技术技能培养的同时，融入思想政治教育元素，将工业机器人高效精准的运行特点与大国工匠的精神相结合，落实立德树人的根本目标。本次修订，使本书的覆盖面更广，使用范围更加广泛，以工业机器人应用技术为主线，从仿真到实体，由简入繁，图文并茂。

本书服务于产业发展，选择了工业机器人应用最多的搬运、码垛、弧焊、装配等场景，融入"工业机器人应用编程"和"工业机器人操作与运维" 2 个试点证书内容，进行项目化设计，从 I/O 信号配置、程序数据建立、目标点示教、程序编写调试几个方面介绍了项目的实施过程。同时为每一个应用场景开发了仿真环境，通过配套的软件再现工业机器人项目应用中的工艺要求、操作规范等工业现场要求。

本书的编写遵循"先进性、实用性、可读性"原则，采取任务驱动、项目教学的编写形式，充分应用互联网技术手段，开展了新形态教材的建设，配套了大量的实物图片、视频、仿真素材、练习测试等资源，读者可扫描书中的二维码进行视频学习和互动练习，这些生动、直观的教学资源，对助学、助教将发挥重要作用。

本书由常州工业职业技术学院蒋正炎、上海电子信息职业技术学院陈永平、深圳市越疆科技有限公司汤晓华编写。本书编写得到了深圳市越疆科技有限公司、ABB(中国)有限公司、浙江亚龙教育装备股份有限公司、天津中德职业技术学院、常州工业职业技术学院、上海电子信息职业技术学院等单位有关领导、工程技术人员和教师的支持与帮助，在此编者一并表示衷心的感谢！

由于编者水平与时间有限，书中难免不足，敬请读者批评指正。

编者
2019 年 9 月

目　　录

第一篇　漫谈篇——工业机器人世界漫游

学习目标

① 了解机器人技术的发展方向；

② 能讲述机器人技术在工业领域的应用；

③ 能讲述机器人技术在汽车制造业、物流、能源、太空及服务业等领域的应用。

1921年，一部关于机器人题材的演出在布拉格国家大剧院首度上演，捷克剧作家恰佩克在他的幻想剧《罗萨姆万能机器人公司》中塑造的主人公罗伯特（Robot）是一位忠诚勤劳的机器人，此后罗伯特（Robot）成了国际公认的机器人的代名词。

世界机器人之父恩格尔伯格先生认为，虽然机器人目前尚没有准确的定义，但有一点可以确定，即机器人不一定像人，但能替代人工作。美国不仅将工业机器人和服务机器人看作机器人，还将无人机、水下潜器、月球车甚至巡航导弹等都看作机器人。

1.1　机器人的发展历程

机器人技术是综合了计算机、控制论、机构学、信息和传感技术、人工智能、仿生学等多学科而形成的高新技术。机器人一般由机械本体、控制器、伺服驱动系统和检测传感装置构成，是一种综合了人和机器的特长、能在三维空间完成各种作业的机电一体化装置。它既有人对环境状态的快速反应和分析判断能力，又有机器可以长时间持续工作、精确度高、抗恶劣环境的能力，可以用来完成人类无法完成的任务，其应用领域日益广泛。

1939年，美国纽约世博会上展出了西屋电气公司制造的家用机器人 Elektro；

1942年，美国科幻巨匠阿西莫夫提出了"机器人三定律"；

1954年，美国电子学家德沃尔研制出一种类似人手臂的可编程机械手；

1958年，美国物理学家英格伯格与德沃尔联手研制出世界上第一台真正实用的工业机器人，成立了世界上第一家机器人制造工厂"尤尼梅逊"公司，英格伯格因此被称为工业机器人之父；

1962年，美国 AMF 公司生产出"VERSTRAN"（万能搬运），这是第一台真正商业化的机器人；

1965年，美国约翰·霍普金斯大学研制出"有感觉"机器人 Beast；

1968年，美国斯坦福研究所研发出机器人 Shakey，这是世界上第一台智能机器人；

1969年，日本早稻田大学研发出第一台以双脚走路的机器人；

1980年，日本迅速普及工业机器人，这一年被称为"机器人元年"；

20世纪末,世界上掀起了特种机器人的研究热潮;

1997年,机器人足球世界杯赛横空出世;

1997年7月,自主式机器人车辆"索杰纳"登上火星;

1997年,IBM开发出来的机器人"深蓝"战胜了棋王卡斯帕罗夫,这是机器人发展的一个里程碑。

互动练习:机器人的发展历程

机器人技术是跨多个学科的综合性技术,涉及自动控制、计算机、传感器、人工智能、电子技术和机械工程等。通过对简单智能机器人的设计和制作,学生能够比较熟练地掌握智能机器人的定义、结构以及智能机器人传感器、驱动技术、位置控制技术、视觉技术基础和计算机控制系统,学会编制控制智能机器人运动的软件,了解智能机器人系统的软硬件组成和工作原理。

● ● ● 1.2 机器人走进工业应用 ● ● ● ●

2010年7月29日,全球最大的电子代工厂商富士康科技集团董事长郭台铭在深圳对媒体表示,目前富士康有1万台机器人,明年这一数字将达到30万,3年后机器人的使用规模将达到100万台,未来富士康还将增加生产线上的机器人数量。

从世界范围看,汽车生产企业是工业机器人的最大购买者。据IFR统计,来自汽车整车及零部件工业的需求合计占工业机器人下游总需求的60%左右,如图1-1和图1-2所示。在亚洲,电子电气工业对工业机器人的需求排在第二位,仅次于汽车工业对工业机器人的需求;在欧洲,橡胶及塑料工业则是仅次于汽车工业的第二大工业机器人需求来源。

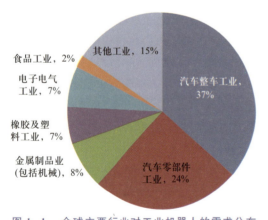

图1-1 全球主要行业对工业机器人的需求分布

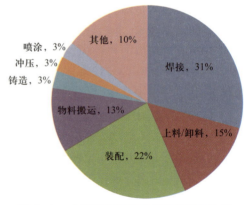

图1-2 全球工业机器人应用类型及比例

为了避免危险恶劣的工作环境导致的工伤事故和职业病,保护工人的身心安全,对一些特殊工种,如工作量大、工作环境恶劣、危险性高、人类无法涉足的工作领域,都可使用工业机器人。在制造业中,工业机器人得到了广泛的应用,如图1-3和图1-4所示。例如,在毛坯制造(冲压、压铸、锻造等)、机械加工、焊接、热处理、表面涂覆、上下料、装配、检测及仓库堆垛等作业中,机器人都已逐步取代了人工作业。随着工业机器人向更深更广方向的发展以及机器人智能化水平的提高,机器人的应用范围还在不断扩大,已从汽车制造业推广到其他制造业,进而推广到采矿、建筑业以及电力系统维护维修等各种非制造行业。此外,在国防军事、医疗卫生、生活服务等领域机器人的应用也越来越多,如无人侦察机(飞行器)、警备机器人、医疗机器人、家政服务机器人等均有应用实例。机器人正在为提高人类的生活质量发挥重要的作用。

图1-3 工业机器人

图1-4 装配机器人

作为现代制造业主要的自动化装备,机器人已广泛应用于汽车、摩托车、工程机械、电子信息、家电、化工等行业,进行焊接、装配、搬运、加工、喷涂、码垛等复杂作业。据统计,1998年全世界机器人的拥有量达72万台。国际上生产机器人的主要厂家有日本的安川电机、OTC、川崎重工、松下、不二越、日立、发那科和欧洲的CLOOS(德国)、ABB(瑞典)、COMAU(意大利)、IGM(奥地利)、KUKA(德国)等。

近年来,全世界投入使用的机器人数量快速增加。目前,日本实际拥有的装配机器人总量占世界总量的一半。装配是日本机器人的最大应用领域,它拥有的机器人数量占总数的42%;焊接是日本机器人的第二大应用领域,它拥有的机器人数量占总数的19%;注塑是日本机器人的第三大应用领域,它拥有的机器人数量占机器人总数的12%;机加工是日本机器人的第四大应用领域,它拥有的机器人数量占机器人总数的8%。

在汽车工业中,机器人主要应用在上料、卸料环节。在点焊应用上,目前已广泛采用电驱动的伺服焊枪,丰田公司已决定将这种技术作为标准来装备国内和海外的所有点焊机器人,既可以提高焊接质量,在短距离内的运动时间也大为缩短。就控制网络而言,日本汽车工业中最普遍采用的总线是Device-Net,而丰田则采用其自行制定的ME-Net,日产采用了JEMA-Net(日本电机工业会网)。在日本汽车工业中是否会实现通信系统的标准化,目前还不能确定。此外,日本机器人制造商提出了"现实机器人仿真"(RRS)兼容软件接口。因此,目前日本汽车制造商(尤其是对于点焊应用)通过ROBCAD、I-Grip等商用仿真软件就可以做出各种机器人的动态仿真。

美国科学家近日研制出一种球体机器人,其最大的特点是可以帮助宇航员做各种辅助工作。它身上安装的传感器可以探知航天飞行器内部的气体成分、温度变化和空气压力状况。即使在失重状态下,这种机器人在计算机的指挥下也能自如地行走和工作,并能帮助宇航员与地面控制中心联络,把有关信息输入计算机系统。

目前,我国已开发出喷漆、弧焊、点焊、装配、搬运等机器人,图1-5所示为物流机器人。其中,有130多台(套)喷漆机器人在20余家企业的近30条自动喷漆生产线(站)上获得规模应用,弧焊机器人已应用在汽车制造厂的焊装线。

图 1-5　物流机器人

沈阳新松机器人自动化股份有限公司为上海汇众汽车制造有限公司设计制造了由 12 台弧焊机器人组成的焊接生产线,用于为上海汽车工业公司配套生产桑塔纳轿车转向器、减振器以及别克轿车减振器等部件。

哈尔滨工业大学历经二十余年的基础理论与应用研究,已开发管内补口喷涂作业机器人、激光内表面淬火机器人和管内 X 射线检测机器人。这些机器人已分别应用于"陕—京"天然气管线工程 X 射线检测、上海浦东国际机场内防腐补口、大庆油田内防腐及抽油泵内表面处理等重要的管道工程。

我国智能机器人和特种机器人在"863"计划的支持下,取得了显著的成果。其中,6 000 米水下无缆机器人的成果居世界领先水平。该机器人在 1995 年深海试验获得成功,使我国能够对大洋海底进行精确、高效、全覆盖的观察、测量、储存和进行实时传输,并能精确绘制深海矿区的二维、三维海底地形地貌图,从而推动了我国海洋科技的发展。

互动练习:机器人走进工业应用

● ● ●　**1.3　机器人在汽车生产线中的应用**　● ● ●

工业机器人是汽车生产中非常重要的设备,各个部件的生产都需要有工业机器人的参与。工业机器人在汽车生产线上的工作主要有弧焊、点焊、装配、搬运、喷漆、检测、码垛、研磨抛光和激光加工等复杂作业。图 1-6 所示为工业机器人在汽车制造业中的应用。

在汽车生产的车身生产中,有大量压铸、焊接、检测等工作,这些工作目前均由工业机器人参与完成。特别是焊接线,一条焊接线上就有大量的工业机器人。因此,现在的参观经常是去焊接车间,不仅一排机器人显得相当壮观,而且也显示出自动化的程度相当的高。此外,汽车内饰中的仪表盘的制作则需要表皮弱化机器人和发泡机器人。由于汽车车身的喷涂工作量大、危险性高,因此大量的也都由工业机器人代替。

(a) 搬运机器人

(b) 焊接机器人

(c) 装配机器人

(d) 喷涂机器人

图 1-6　工业机器人在汽车制造业中的应用

1. 焊接机器人在汽车底盘焊接中的应用

国内生产的桑塔纳、帕萨特、别克、赛欧、波罗等品牌轿车的后桥、副车架、摇臂、悬架、减振器等底盘零件大都是以 MIG 焊接工艺为主的受力安全零件。主要构件采用冲压焊接，板厚平均为 1.5～4 mm，焊接主要以搭接、角接接头形式为主，焊接质量要求相当高，其质量直接影响到轿车的安全性能。

焊接机器人适合于多品种、高质量的生产方式，目前已广泛应用在汽车制造业。汽车底盘、座椅骨架、导轨、消声器以及液力变矩器等焊接件的生产均使用了焊接机器人，特别是在汽车底盘焊接生产中得到了广泛的应用，如图 1-7 所示。应用机器人焊接大大提高了焊接件的外观和内在质量，保证了质量的稳定性，降低了劳动强度，改善了劳动环境。

按照焊接机器人系统在汽车底盘零部件焊接的夹具布局的不同特点以及外部轴等外围设施的不同配置，焊接机器人系统可分为七种形式：滑轨

图 1-7　焊接机器人在汽车生产线上

＋焊接机器人工作站、固定式单（双）夹具＋焊接机器人工作站、带变位机回转工作台＋焊接机器人工作站、搬运机器人＋焊接机器人工作站、协调运动式外轴＋焊接机器人工作站、机器人焊

接自动线、焊接机器人柔性系统。

2. 焊接机器人系统的组成及动作设计

焊接机器人系统主要由机架(底座、支撑座)、工作台浮动支撑、辅助支撑及夹具(两台变位器、两个工位)、机器人及其控制系统、气动系统、防护栏、遮光板、光幕、焊接电源、焊枪、电气系统及其他辅助装置组成。

通常,焊接机器人系统采用可编程控制器作为主控制装置,负责整个系统的集中调度,通过总线和 I/O 接口获取各个执行元件的状态信息,将焊接任务划分为各个子任务,分发并协调各个工位的工作。

控制系统主要由主控制箱、主操作盘和副操作盘等三部分组成。主控制箱是控制的中心,主要完成对机器人、操作盘的协调控制;副操作盘装有触摸屏,能完成所有操作及提供各种指示,有电源"入、切""手动、自动"转换开关、"运转准备""异常解除""警报停止""非常停止"等按钮以及各种报警指示灯;主操作盘完成工作的启动、停止控制。

底座用于安装焊接机器人、翻转变位器、辅助支撑、工作台等部件。其中,水平翻转变位器拖动两套夹具配合焊接机器人使工件焊缝处于最佳的焊接位置,如图1-8所示。

焊接系统的运行时,首先完成系统初始化并检测各个执行元件的状态。由于

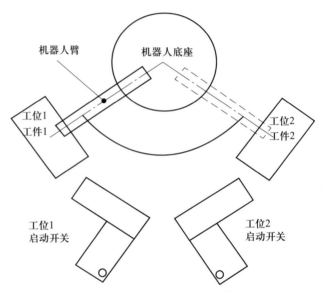

图 1-8 2 工位点焊机器人示意图

焊接工件种类不同,因此需要设置不同的焊接工艺参数。控制焊枪动作的焊接控制器中可存储多种焊接工艺参数,每组焊接参数对应 1 组焊接工艺。机器人向 PLC 发出焊接预约信号,PLC通过焊接控制器向焊枪输出需要的焊接工艺参数。

3. KUKA 机器人在宝马汽车生产中的应用

德国库卡公司(KUKA)自进入中国市场以来,不断以其革新的机器人技术推动着中国汽车制造业的自动化发展,已成为该行业领先的工业机器人提供商。目前,KUKA 工业机器人在国内各行业的使用数量已经有几千台,其中两千台左右应用于汽车以及汽车零部件制造行业,如图 1-9 所示。

现代汽车制造业不断向"准时化"和"精益生产"的方向发展,这对设备的快速响应、柔性化、集成化和多任务处理的能力提出了更高要求。如图 1-10 所示,为满足这种需求,库卡公司另辟蹊径,突破传统的机器人协同工作组概念,以单个机器人作为独立的控制对象,把计算机网络控制的概念引入机器人协同工作组控制中,对机器人协同工作组的功能和工作模式进行了历史性的革新,使得 15 台机器人同步工作成为可能。这完全颠覆了传统汽车制造中以工位为目标单位的工艺格局,使汽车的柔性化生产提高到了一个空前的高度。

图 1-9   KUKA 焊接机器人在汽车生产线上

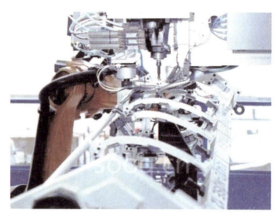

图 1-10   KUKA 装配机器人在汽车生产线上

下面具体介绍宝马公司的案例,从中可以了解库卡公司是如何从客户的需要出发,了解客户的要求并据此提出行之有效的解决方案的。

当前的状况和任务:宝马公司为其在雷根斯堡的工厂寻找一种自动化解决方案用以传送宝马 1 系列及 3 系列车型的整个前后轴以及车门。

实施措施和解决方案:宝马公司选择了三台库卡机器人,包括一台 KR 500 及两台 KR 360 来传送前后轴。KR 500 从装配系统中取出已装配好的前轴并将其置于装配总成支架上,在那里前轴将被装配到传动杆上。KR 500 的多用夹持器适用于 1 系列和 3 系列所有车型专有的轴。此外,整个夹持器还能够在传送过程中使轴的活动部分保持在规定的位置。由此,机器人可将所有需要装配的部件在装配总成支架上准确定位。

两台重载型机器人 KR 360 传送后轴。第一台 KR 360 从装配系统中取出轴并将其置于多用工件托架的存储器内,第二台 KR 360 从存储器中取出轴并将其置于装配总成支架上。如同前轴的情况,放置后轴时所需达到的精确位置可通过一个感知器测量系统得到。为使 KR 360 能够在最佳的位置上完成所需的工作,它被安装在一个 1.5 m 高的底座之上,如图 1-11 所示。由于机器人控制系统将夹持器作为第 7 条轴来移动,因此 KR 360 就有能力将客车车轴举到轮毂处而不受轮距的限制。

在传送车门方面,四台装配有 400 mm 延长臂的 KR 150 每两台作为一组,可以替代数目相同的提升站以及所属用以交接的机械装置。在两个机器人小组内部,一台机器人负责前门,另一台负责后门。当一辆带着空运输吊架的电动钢索吊车停在工位内时,机器人的工作就可以开始了。有关的 KR 150 将其夹持器摆动着伸入货物承装工具内部,将其从电动钢索吊车上取下并置于下一层以做好装料准备。两个在此工作的工作人员为吊架的两侧都装上相应车身的车门。之后,机器人将货物承装工具移回上一层并将其重新放回

图 1-11   KUKA 装配机器人装配车门

电动钢索吊车。由于机器人重复精度高,因此可以避免对车门及电动钢索吊架产生损伤。由于对机器人可进行自由编程,因此整个设备也具有很高的灵活性。此外,库卡公司还可以满足宝马公司对夹持器的要求——设计简单且安全可靠。

互动练习:机器人在汽车生产线中的应用

● ● ● 1.4 机器人在物流领域中的应用 ● ● ●

1. 码垛机器人

国内的物流行业已经进入了准高速增长阶段。传统的自动化生产设备已经不能满足企业日益增长的生产需求。以码垛设备为例,机械式码垛机具有占地面积大、程序更改复杂、耗电量大等缺点。采用人工搬运不仅劳动量大、工时多,而且无法保证码垛质量,影响产品顺利进入货仓,可能有50%的产品由于码垛尺寸误差过大而无法进行正常存储,还需要重新整理。目前,欧洲、美国和日本的码垛机器人在码垛市场的占有率超过了90%,绝大数码垛作业都是由码垛机器人完成的。码垛机器人能适应于纸箱、袋装、罐装、箱体、瓶装等各种形状的包装成品码垛作业,如图1-12所示。

图1-12 码垛机器人在包装生产线上

码垛机器人通过检测吸盘和平衡气缸内气体压力,能自动识别机械手臂上有无载荷,并经气动逻辑控制回路自动调整平衡气缸内的气压,达到自动平衡的目的。工作时,重物犹如悬浮在空中,可避免产品对接时的碰撞。在机械手臂的工作范围内,操作人员可轻松地将其移动到任何位置。同时,气动回路还有防止误操作掉物和失压保护等联锁保护功能。码垛机器人能将不同外形尺寸的包装货物整齐、自动地码(或拆)在托盘上(或生产线上等)。为充分利用托盘的面积和保证码堆物料的稳定性,码垛机器人具有物料码垛顺序和排列的设定器。大型码垛机器人可满足从低速到高速、从包装袋到纸箱、从码垛一种产品到码垛多种不同产品的需求,可应用于产品的搬运、码垛等,如图1-13所示。

图 1-13　大型码垛机器人

2. 自动导引车

自动导引车(automated guided vehicle，AGV)是指具有磁条、轨道或者激光等自动导引设备，沿规划好的路径行驶，以电池为动力，并且装备安全保护以及各种辅助机构(如移载、装配机构)的无人驾驶的自动化车辆，如图 1-14 所示。通常多台 AGV 与控制计算机(控制台)、导航设备、充电设备以及周边附属设备组成 AGV 系统。在控制计算机的监控及任务调度下，AGV 可以准确的按照规定的路径行走。到达任务指定位置后，完成一系列的作业任务，控制计算机可根据 AGV 自身电量决定是否到充电区进行自动充电。

图 1-14　自动导引车

根据导航方式的不同，AGV 产品可分为磁导航 AGV 和激光导航 AGV(又称 LGV)。在物流领域里，根据工作方式的不同，AGV 可分为叉车式运输型 AGV、搬运型 AGV、重载 AGV、智能巡检 AGV、特种 AGV 和简易 AGV(又称 AGC)等,如图 1-15 所示。

图 1-15　智能物流机器人

　　当前,智能物流机器人的 CPU 性能越来越高,控制器内部根据控制功能的不同采取模块化设计,这些都使得运动平衡控制得到了增强。这些因素不仅缩短了机器人的加速时间,加快了机器人的动作周期;而且提高了碰撞检测功能,极大地保护了机器人本体和手爪。新开发的虚拟现实功能,作为软件集成在机器人系统的控制柜中。操作人员可以通过机器人示教盘监控视觉功能的作业情况。这样省去了传统视觉系统中 PC 等硬件,大大节省了成本支出。我国物流行业已广泛应用机器人,不仅节约了物流成本,而且提高了物流效率。

互动练习:机
器人在物流领
域中的应用

1.5　机器人在能源领域中的应用

　　能源装备自动化产业已经利用先进的机器人及自动化技术开发各种油田及其他能源行业自动化装备,用于劳动强度高、环境恶劣的场合。机器人在能源领域中的应用包括应用于海上和陆地油气田的井口管处理机器人系统,如修井作业管杆自动操作机、自动修井机、勘察船抓管机器人、钻台机器人、二层平台操作机器人等,还有应用于发电厂和变电站的巡视机器人等。

　　1. 折臂抓管机器人

　　折臂抓管机器人主要安装在船甲板或海洋钻井平台上,在海洋钻探领域应用前景十分广阔。它采用机器人自动化技术,与鹰爪机之间协调配合工作,将管场中水平放置的钻杆移运到井口,翻转为竖直状态;或者将井口上方拆卸下来的竖直钻杆翻转并移运到管场。

　　在移运过程中,钻杆质心轨迹保持与船轴线平行或垂直,且钻杆轴线与船轴线保持平行,实现钻杆在空间范围内按规划轨迹的移运,如图 1-16 所示。

　　2. 发电厂、变电站的巡视机器人

　　长期以来,我国电力行业沿用的变电站设备人工巡检的作业方式,在高压、超高压、核力发电以及恶劣气象条件下,不仅对人身危害大,而且会对电网安全运行带来一定隐患。工业巡视监控

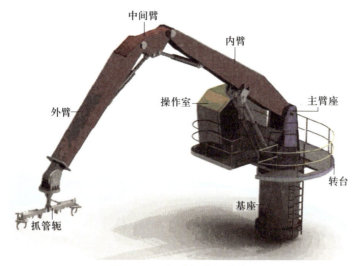

图 1-16　折臂抓管机器人

机器人可代替人工完成电气设备的巡检作业。工业监控机器人系统以自主或遥控的方式,在无人值守或少人值守的变电站对室外设备进行巡检,可及时发现电力设备的热缺陷、异物悬挂等设备异常现象。它可以通过携带的各种传感器,完成变电站设备的图像巡视、一次设备的红外检测等。操作人员只需通过后台计算机收到的实时数据、图像等信息,即可完成发电厂、变电站的设备巡视工作。

　　巡视机器人主要应用于室外变电站代替巡视人员进行巡视检查。如图 1-17 所示,它可以携带红外热像仪、可见光 CCD 等电站设备检测装置,以自主和遥控的方式,代替人对室外设备进行巡测,以便及时发现异物、损伤、发热、漏油等电力设备的内部热缺陷、外部机械或电气问题,给运行人员提供诊断电力设备运行中的事故。

图 1-17　巡视机器人

工业监控机器人是集机电一体化技术、运动控制系统、视频采集、红外探测、稳定的无线传输技术于一体的复杂系统。它采用完全自主或遥控方式,沿指定线路自主行走。工业监控机器人携带的摄像机作为检测装置,用于检测输电设备的损伤情况,并将检测到的数据和图像信息经过无线传输发送到后台监控系统。后台可以接收、显示和存储机器人发回的数据和图像资料,并对机器人的运行状态具有远程控制和检测的能力。

运动控制系统主要实现机器人动力驱动,它根据系统路径规划和遥控指令实现车体的运动控制,包括速度、位置控制。图 1-18 所示的是自动巡视机器人爬台阶。

图 1-18 自动巡视机器人爬台阶

红外采集系统即红外热像仪,它目前利用红外辐射测温领域中最先进的一种测温设备,由红外探测头、图像处理器和监视器等三部分组成。红外成像技术利用现代高科技手段,在设备不停电的情况下,即在高电压、大负荷的条件下,检测设备运行状况。通过对电气设备表面温度的分布及其测试、分析和判断,发现运行设备异常及其缺陷。

视频采集系统通过工业监控机器人携带的摄像头进行视频图像的采集。采集模块将视频数据经无线网传回后台,后台的视频处理模块对数据进行监测分析,检测结果通过无线网发回云台命令,对监控机器人上的摄像头进行控制。

1.6 机器人在其他领域中的应用

1. 太空机器人——智能型火星车

如果向一张展开的世界地图上随意掷一枚硬币,那么这枚硬币很可能会葬身"汪洋大海"。如果向火星地图上掷硬币,又会发生怎样的情况呢?2003 年,8 亿美元化作了美国宇航局的两枚"硬币"飞向火星。这两枚"硬币"的名字叫做"火星探索漫游者——勇气号和机遇号",是两部能够在火星上漫步的机器人。从它们分别在 2003 年年底和 2004 年年初登陆火星至今,它们已经在那里经历了许多奇遇。

在漫游者火星车顶部桅杆式结构上都装有全景照相机和微型热辐射分光计，它们的位置与人眼高度相当，可帮助确定火星上哪些岩石和土壤区域最有探测价值，如图1-19所示。车上还有一个末端装备了各种工具的"手臂"。显微镜是其中的工具之一，通过它可以超近距离对火星岩石纹理进行审视。"手臂"上还有一个相当于小锤子的工具，它能除去火星岩石表面历经岁月沧桑的岩层，为研究岩石内部提供方便。

图1-19　太空机器人漫游者

因为漫游者是靠太阳能板来获得能量的，所以当火星上的尘土慢慢将太阳能板遮蔽起来时，它们就会失去活力。依靠太阳能，漫游者兄弟日出而作，日落而息。机遇号就连在观察日落的过程中也能发现不同寻常的东西。

勇气号和机遇号是设计上完全相同的双胞胎机器人。它们都有6个轮子，每个轮子的高度都是25 cm。它们靠这些轮子在每天的工作时间里最多可以行进大约100 m。虽然看上去这种速度可真够慢的，但是漫游者的行进速度并不是由它们的轮子决定的。漫游者携带的科学仪器要将获得的数据处理妥善后才会允许轮子再向前滚动一点。

每个漫游者都像是一个全副武装的地质学家，它们在考察火星岩石时有一件利器——岩石打磨器。岩石打磨器上镶嵌着钻石，能够在两小时的时间里在任何可及的岩石上打磨出一个直径45 mm、深5 mm的浅坑。这些听上去很浅的小坑在寻找水的过程中帮了科学家的大忙。因为打磨工作能够把层岩表层受到环境影响的部分去除掉，从而看到层岩内部更原始的状态。在过去的时间里，机遇号在火星上的最大发现就是它正站在一条古老的海岸线上。它发现火星上曾经比现在温暖和湿润得多，曾经存在过含有盐分的液态海洋。这一发现被《科学》杂志评为2004年最大的科学突破。

2. 类人机器人——直立行走机器人

许多人在成长过程中都曾在电视电影里看到过类人机器人。这些机器人有Jetsons的机器

图1-20　高级步行创新移动机器人

人管家Rosie、Star Trek TNG中的机器人飞船船员Data，当然还有《星球大战》中的C3PO。虽然目前研制的机器人远未达到Data或C3PO那样的境界，但它们的技术已呈现不小的进步。本田工程师研制ASIMO机器人已经17年多。本节将介绍当前最先进的类人机器人ASIMO。

本田汽车公司开发的高级步行创新移动机器人（advanced step in innovative mobility, ASIMO）是世界上最先进的类人机器人。如图1-20所示，ASIMO是世界上唯一可独立行走和爬楼梯的类人机器人。虽然世界上也有一些其他可行走的类人机器人，但是它们均不具有ASIMO那样平稳流畅和逼真的步态。

除了可像人类那样行走外，ASIMO还懂得一些口头指令（目前只限日语），并能识别面孔。ASIMO有双臂和双手，可以做开灯、开门、携物和推车之类的事情。

本田公司并非要设计一种类似玩具的机器人，而是要研制出一种可成为人类助手的机器人，用来照看房子、帮助老人、帮助坐轮椅者或卧床不起的人。ASIMO高1.2 m，与坐在椅子上的人的高度基本持平，如图1-21所示。这使得ASIMO能够正常完成分内工作，而不会显得太大和吓人。ASIMO外表友善、个头适中，常被人称为像"穿着太空服的孩子"，非常适合本田的研究目的。ASIMO也可从事对人类来说过于危险的工作，如进入危险区、排除炸弹或灭火等。

图1-21　ASIMO的第一份工作

ASIMO 得到的另一份工作是在 IBM 日本分公司和位于东京的日本科学未来馆担任接待员，迎接客人并带领他们参观，如图 1-22 所示。

图 1-22　ASIMO 的感官系统

ASIMO 有臀部、膝和足关节。机器人具有研究人员称为"自由度"的关节。单一的自由度允许关节左右或上下移动。ASIMO 全身拥有 26 个自由度，这使它能自由移动。ASIMO 的颈部有两个自由度，每只胳膊上有 6 个自由度，每条腿上有 6 个自由度。ASIMO 的腿所需的自由度数量是通过对人类在平地和楼梯上行走时关节动作的测量确定的。

ASIMO 的身上还安装有速度传感器和陀螺仪传感器，用于感测 ASIMO 的体位及移动速度和向中央计算机传递平衡调节信息。这些传感器的工作方式与人的内耳保持平衡和定位的方式相似。为了完成人类肌肉和皮肤在感测肌肉力量、压力和关节角度方面所做的工作，ASIMO 还具有关节角度传感器和 6 轴压力传感器，如图 1-23 所示。

如果不是非常了解机器人技术，那么可能难以完全领悟 ASIMO 像人类一样行走的里程碑意义。ASIMO 行走功能的最重要部分是转身能力。ASIMO 能够像人类一样倾斜和平稳流畅地转身，

图 1-23　ASIMO 行走自如

而不是必须一停一顿地拖行或慢吞吞地转向。ASIMO 在遇到绊倒物、被推动或遇到改变其正常行走的东西时，还可自行调整步伐。

要完成这项任务，ASIMO 的工程师们必须设法处理行走时产生的惯性力。地心引力产生力，行走时的速度也会产生力，这两种力称为"总惯性力"。当脚与地面接触时也会产生力，称为"地面反作用力"。这些力必须平衡，且必须通过适当的姿势取得平衡。这被称为"零力矩点"（zero moment point，ZMP）。

为了控制 ASIMO 的姿势,工程师们研究了以下三个控制领域:

① 地面反作用控制是指脚掌在削减地面凹凸不平的同时,仍能保持稳定的姿态。

② 目标 ZMP 控制是指当 ASIMO 不能站稳且身体开始向前倒下时,它可通过向即将倒下的相反方向移动上半身来保持姿势。同时,它会加快行走速度,以快速平衡向下倒的力。

③ 当启动 ZMP 控制时,脚部稳定位置控制开始起作用,以调整步幅、恢复体位、身体速度与步幅间的协调。

ASIMO 不仅可感测倒下的动作并快速做出反应,而且具有平稳的步态以及做到其他机器人不能做到的事情——无须停住就能转身。

本质上,ASIMO 每走一步都必须确定其惯性,并随后预测下一步如何移动其重量,这样才能平稳地行走和转身。它会调整步幅、体位、速度和行走方向,以保持正确的姿势。

在机器人技术中,视觉是根据程序化模板来解释的被捕捉的图像。在制造环境中,机械臂制造汽车,机器人检查半导体芯片上的显微连接,这都是受控的环境。照明始终是相同的,角度始终是相同的,要查看和了解的事物数量也是有限的。然而,在真实(和无序)的世界中,要查看和了解的事物会大量增加。

在工作时必须行经住宅、建筑物或户外的类人机器人必须能够懂得它"看到"的许多物体,理解阴影、偏僻的角落和动作。例如,机器人独自步入未知区域时,必须实时察觉和识别物体,选择颜色、形状和边缘之类的特征,并与它知道的物体或环境的数据库做比较。在机器人的"记忆"中可能有数千种物体。

图 1-24   ASIMO 视觉系统

ASIMO 的视觉系统位于头部,包括用作眼睛的基本摄像机。ASIMO 使用专门的视觉算法,即使物体的方位和光线与其记忆数据库中的不同,它也可以看到、识别和避免碰撞物体。这些摄像机可察觉物体、识别程序化面孔,甚至理解手势。例如,当向 ASIMO 举起手摆出"停"的姿势时,ASIMO 即停住。它的面孔识别功能允许 ASIMO 向"熟悉"的人致意,如图 1-24 所示。

让 ASIMO 理解声音指令是最新添加的控制项目。它的数据库包括约 30 个不同的口头指令,用于激活 ASIMO 指令系统中的特定动作。除了控制 ASIMO 动作的声音指令外,还有 ASIMO 可以口头回应的口头指令。这项功能使 ASIMO 有可能担任接待员的工作,迎接客人并回答问题。

如同机器人技术领域中的大多数其他技术一样,ASIMO 是由伺服电机提供动力的。它们是小而动力强大的电动机,带有可移动四肢或表面转向特定角度的转轴,由控制器对角度进行控制。例如,伺服系统可控制机器人臂关节的角度,将其保持在正确的角度,直到它需要移动,然后控制该移动。伺服系统使用位置传感装置(也称为数字解码器)来确保电动机轴处于正确的位置。ASIMO 机器人体内有 26 台伺服电机,用于移动它的臂、手、腿、脚、脚踝以及其他移动部分。

ASIMO 机器人已应用于世界各地的医院中,它们行走在走廊上,识别和跟随墙壁上的标记和条形码,乘电梯在医院各处递送患者记录、X光片、药品以及其他物品。如图1-25所示,随着计算机处理器的日益强大和机器人技术扩展到新的领域,不久的将来"Rosie"就能为人们做饭和打扫房子。

图 1-25　ASIMO 在行走

知识、技能归纳

了解机器人在工业及其他领域的应用及发展状况,了解各类机器人在不同应用领域的特点。

工程素质培养

结合你感兴趣的领域,构思一下你想制作什么样的机器人,它可以帮助你做哪些工作。动动手,动动脑,试试吧!

第二篇　认识篇——认识工业机器人

"人"不仅要在生产中完成很多枯燥无味、成百上千次的重复工序,而且还会有生产安全隐患、生产率低和劳动力成本等问题。无论管理者还是投资者,都想解放"人"的活,让工业机器人来帮忙。工业机器人是"作家"笔下的一个具有人的外表、特征和功能的机器,是一种人造的劳力,代替人来完成劳动的工业产品。

下面来认识一下工业机器人的身体结构、五官和本领,这将有助于人们更好地使用它。

2.1　任务1　工业机器人的分类与应用

任务目标

① 了解工业机器人的各种分类;
② 了解工业机器人在生产中的应用。

工业机器人的模样有哪些? 除了能做粗活、累活,它还能帮忙做细活和高难度动作吗? 下面来认识一下工业机器人的分类和应用。

▶ 2.1.1　工业机器人的分类

工业机器人按照不同的分类标准可以分为不同的类别。

1. 按照机器人的运动形态分类

按照机器人的运动形态,工业机器人可以分为直角坐标型工业机器人、圆柱坐标型工业机器人、球坐标型工业机器人、多关节型工业机器人、平面关节型工业机器人和并联型工业机器人,如图 2-1 所示。

(1) 直角坐标型工业机器人

直角坐标型工业机器人的结构示意图如图 2-2 所示。它的手部空间的位置变化是通过沿着 3 个相互垂直的轴线移动来实现的,常用于生产设备的上下料和高精度的装配和检测作业。一般来说,直角坐标型工业机器人的手臂可以垂直方向(Z 轴方向)上下移动,并可以沿着滑架和横梁上的导轨进行水平二维平面(X 轴、Y 轴方向)的移动。直角坐标型工业机器人有 3 个移动关节,即 3 个自由度。

① 直角坐标型工业机器人的优点:

● 结构简单;
● 编程容易,在 X 轴、Y 轴和 Z 轴三个方向的运动没有耦合,便于控制系统的设计;
● 直线运动速度快,定位精度高,避障性能较好。

(a) 直角坐标型　　　　　　(b) 圆柱坐标型　　　　　　(c) 球坐标型

(d) 多关节型　　　　　　(e) 平面关节型　　　　　　(f) 并联型

图 2-1　工业机器人的分类

② 直角坐标型机器人的缺点：

● 动作范围小，灵活性较差；

● 导轨结构较复杂，维护比较困难，导轨暴露面大，不如转动关节密封性好；

● 结构尺寸较大，占地面积较大；

● 移动部分惯量较大，增加了对驱动性能的要求。

（2）圆柱坐标型工业机器人

圆柱坐标型工业机器人的结构示意图如图 2-3 所示。它有两个移动关节和一个转动关节，末端操作器的安装轴线的位姿由 (z, r, θ) 坐标表示，其主体具有 3 个自由度：腰部转动、升降运动、手臂伸缩运动。

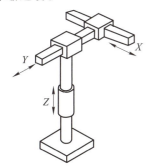

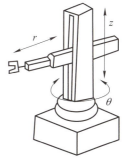

图 2-2　直角坐标型工业机器人的结构示意图　　　　图 2-3　圆柱坐标型工业机器人的结构示意图

① 圆柱坐标型工业机器人的优点：

● 控制精度较高，控制较简单，结构紧凑；

● 对比直角坐标形式，在垂直和径向的两个往复运动可以采用伸缩套筒式结构，在腰部转动

时可以把手臂缩回,从而减少转动惯量,改善了力学负载;

● 空间尺寸较小,工作范围较大,末端操作器可获得较高的运动速度。

② 圆柱坐标型工业机器人的缺点:

由于机身结构的原因,手臂不能到达底部,因此末端操作器离 z 轴越远,机器人的工作范围就越小,其切向线位移的分辨精度也越低。

(3)球坐标型工业机器人

球坐标型工业机器人的结构示意图如图 2-4 所示。它有两个转动关节和一个移动关节,末端操作器的安装轴线的位姿由(θ,φ,r)坐标表示。机械手能够里外伸缩移动、在垂直平面内摆动以及绕底座在水平面内移动,因为这种机器人的工作空间形成球面的一部分。很多知名企业球坐标型工业机器人的手臂采用液压驱动的移动关节,绕垂直和水平轴线的转动也采用了液压伺服系统。球坐标型工业机器人的优点是占地面积小,结构紧凑,位置精度尚可;缺点是避障性能较差,存在平衡问题。

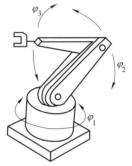

图 2-4 球坐标型工业机器人的结构示意图   图 2-5 关节坐标型工业机器人的结构示意图

(4)关节坐标型工业机器人

关节坐标型工业机器人的结构示意图如图 2-5 所示。它主要由底座、大臂和小臂组成。大臂和小臂间的转动关节称为肘关节,大臂和底座间的转动关节称为肩关节。底座可以绕垂直轴线转动,称为腰关节。它是一种广泛应用的拟人化机器人。

① 关节坐标型工业机器人的优点:

● 结构紧凑,占地面积小;

● 灵活性好,手部到达位置好,具有较好的避障性能;

● 没有移动关节,关节密封性能好,摩擦小,惯量小;

● 关节驱动力小,能耗较低。

② 关节坐标型工业机器人的缺点:

● 运动过程中存在平衡问题,控制存在耦合;

● 当大臂和小臂舒展开时,机器人结构刚度较好。

(5)并联型工业机器人

并联型机构的动平台和定平台通过至少两个独立的运动链相连接,机构具有两个或两个以上自由度,且以并联方式驱动的一种闭环机构。

2. 按照输入信息的方式分类

按照输入信息的方式,工业机器人可以分为操作机械手、固定程序工业机器人、可编程型工业机器人、程序控制工业机器人、示教型工业机器人和智能型工业机器人。

（1）操作机械手

操作机械手是由操作人员直接进行操作的具有多个自由度的机械手。

（2）固定程序工业机器人

固定程序工业机器人是按预先规定的顺序、条件和位置，逐步地重复执行给定作业任务的机械手。

（3）可编程型工业机器人

可编程型工业机器人与固定程序机器人基本相同，但其工作次序等信息易于修改。

（4）程序控制型工业机器人

程序控制型工业机器人的作业任务指令是由计算机程序向机器人提供的，其控制方式与数控机床相同。

（5）示教型工业机器人

示教型工业机器人能够按照记忆装置存储的信息来复现由人示教的动作，其示教动作可自动地重复执行。

（6）智能型工业机器人

智能型工业机器人采用传感器来感知工作环境或工作条件的变化，并借助自身的决策能力，完成相应的工作任务。

3．按照驱动方式分类

按照驱动方式，工业机器人可以分为液压型工业机器人、电动型工业机器人和气压型工业机器人。

（1）液压型工业机器人

因为液压压力比气压压力大得多，所以液压型工业机器人具有较大的抓举能力，可达上千牛顿。这类工业机器人结构紧凑、传动平稳、动作灵敏，但对于密封要求较高，且不宜在高温或者低温环境下使用。

（2）电动型工业机器人

电动型工业机器人是目前用得最多的一类工业机器人。不仅因为电动机品种众多，为工业机器人设计提供了多种选择，也因为可以运用多种灵活控制的方法。早期的电动型工业机器人多采用步进电机驱动，后期发展了直流伺服驱动单元、驱动单元和直接驱动操作机，或者通过谐波减速器的装置来减速后驱动，其结构十分紧凑、简单。

（3）气压型工业机器人

气压型工业机器人以压缩空气来驱动操作机，其优点是空气来源方便、动作迅速、结构简单、造价低、无污染；缺点是空气具有可压缩性，导致工作速度的稳定性较差。这类工业机器人的抓举力较小，一般只有几十牛顿。

4．按照运动轨迹分类

按照运动轨迹，工业机器人可以分为点位型工业机器人和连续轨迹型工业机器人。点位控制是控制机器人从一个位姿到另一个位姿，其路径不限；连续轨迹控制是控制机器人的机械接口，按编程规定的位姿和速度，在指定的轨迹上运动。通常见到的工业机械手属于智能型、连续轨迹、多关节工业机器人，末端手爪多为气动或者电动。

出几个问题考考你：
① PPT、PPR、PRP 的含义分别是什么？
② 弧焊机器人和点焊机器人属于点位控制还是连续轨迹控制？

互动练习：工业机器人的分类

▶ 2.1.2　工业机器人的应用

工业机器人的典型应用如图 2-6 所示。

(a) 弧焊机器人

(b) 磨削机器人

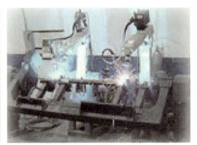
(c) 点焊机器人

(d) 去毛刺机器人

(e) 清洁机器人

(f) 上料机器人

(g) 物料输送机器人

(h) 材料去除机器人

(i) 包装机器人

(j) 喷漆机器人

(k) 装配机器人

(l) 自动钻孔机器人

图 2-6　工业机器人的典型应用

机器人的应用主要有两种方式，一种是机器人工作单元，另一种是带机器人的生产线。20世纪 70 年代起，机器人常与数字控制机床结合在一起，成为柔性制造单元或柔性制造系统的组成部分。而且，后者已经成为机器人应用的主要方式。

一般来说，制造业中工业机器人使用密度（万名员工使用机器人台数），韩国是 347 台，日本是 339 台，德国是 261 台，而中国仅为 10 台。

汽车制造业中普遍使用工业机器人，其使用密度日本为 1 710 台，意大利为 1 600 台，法国为 1 120 台，西班牙为 950 台，美国为 770 台，中国还不到 90 台。

下面来给富士康算笔账。富士康工厂目前采取工人一天 24 小时 3 班倒制，满打满算一台机器人相当于 3 个普工一天的工作量。以一台高级的机器人平均价格 20 万元、工人年薪 4 万元左右来计算，那么一台机器人第一年的投入成本相当于 5 个普工一年的工资成本。由于机器人属于第一年一次性投入（第二年只需投放维护、调试成本），因此机器人使用年限越长（一般为 5 年～10 年），对人力成本的下降越明显。

2010 年，"FOXBOT"开始在山西晋城批量制造。在深圳富士康 iPhone5 生产线上，"FOXBOT"运作在成行结队的数控机床之间。在昆山富士康的一个成形车间，搬运、剪料、钻铣等工序全部被"FOXBOT"所替代，"FOXBOT"在温度高达 38 ℃ 的黑暗车间中工作。

你知道一部苹果平板电脑 iPad 是如何组装在一起的吗？在富士康的苹果代工厂，这需要 5 天时间，经过 325 个中国工人的手。

在 iPhone5 的生产中有一种只有 1.5 mm 大小的螺母，肉眼和人手无法完成向其拧螺钉的工作。为了完成这样的工作，一些携带摄像头能在手机上进行拧螺钉工作的机器人开始在富士康的工厂里使用，如图 2-7 所示。

(a)

(b)

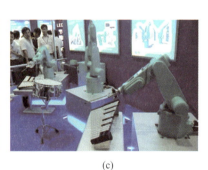
(c)

图 2-7　富士康的工业机器人

2.2　任务 2　工业机器人的结构与主要参数

任务目标

① 了解工业机器人的三大部分六个系统；
② 了解工业机器人的主要参数。

在"人"的身体结构中，四肢骨骼和运动系统完成人体动作，大脑和神经系统处理发布信息，五官和皮肤和环境交互。工业机器人也要接受这些考验，只有拥有了健全的身体，才能应付各种各样的工作。

▶ 2.2.1　工业机器人的结构

工业机器人的总体结构如图 2-8 所示。工业机器人从总体上可以分为三大部分六个系统，它们是一个统一的整体。三大部分是指用于实现各种动作的机械部分、用于感知内部和外部信息的传感部分和用于控制机器人完成各种动作的控制部分。六个系统分别是驱动系统、机械结构系统（又称执行系统）、机器人-环境交互系统、感受系统、人机交互系统和控制系统，如图 2-9 所示。

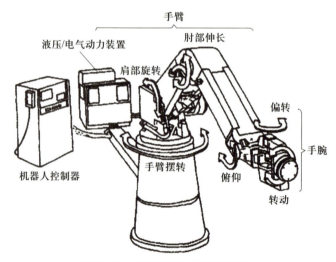

图 2-8　工业机器人的总体结构

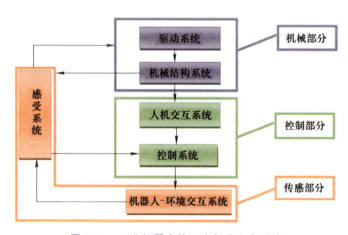

图 2-9　工业机器人的三大部分六个系统

1. 驱动系统

驱动系统包括动力装置和传动机构，用以使执行机构产生相应的动作。驱动方式包括电动机驱动、液压驱动、气动驱动和其他驱动形式。根据需要,可采用由这三种基本驱动类型的一种或合成式驱动系统,目前最常用的是电动机驱动。这三种基本驱动系统的主要特点见表 2-1。

表 2-1　工业机器人的三种基本驱动系统的主要特点

内容	驱动方式		
	液压驱动	气动驱动	电动机驱动
输出功率	很大,压力范围为 50~140 N/cm²	大,压力范围为 48~60 N/cm²,最大可达 100 N/cm²	较大
控制性能	利用液体的不可压缩性,控制精度较高,输出功率大,可无级调速,反应灵敏,可实现连续轨迹控制	气体压缩性大,精度低,阻尼效果差,低速不易控制,难以实现高速、高精度的连续轨迹控制	控制精度高,功率较大,能精确定位,反应灵敏,可实现高速、高精度的连续轨迹控制,伺服特性好,控制系统复杂
响应速度	很高	较高	很高
结构性能及体积	结构适当,执行机构可标准化、模块化,易实现直接驱动。功率/质量比大,体积小,结构紧凑,密封问题较大	结构适当,执行机构可标准化、模块化,易实现直接驱动。功率/质量比大,体积小,结构紧凑,密封问题较小	伺服电机易于标准化,结构性能好,噪声低,电动机一般需配置减速装置,除 DD 电动机外,难以直接驱动,结构紧凑,无密封问题
安全性	防爆性能较好,用液压油作传动介质,在一定条件下有火灾危险	防爆性能好,高于 1000 kPa (10 个大气压)时应注意设备的抗压性	设备自身无爆炸和火灾危险,直流有刷电动机换向时有火花,对环境的防爆性能较差
对环境的影响	液压系统易漏油,对环境有污染	排气时有噪声	无
在工业机器人中应用范围	适用于重载、低速驱动,电液伺服系统适用于喷涂机器人、点焊机器人和托运机器人	适用于中小负载驱动、精度要求较低的有限点位程序控制机器人,如冲压机器人本体的气动平衡及装配机器人气动夹具	适用于中小负载、要求具有较高的位置控制精度和轨迹控制精度、速度较高的机器人,如 AC 伺服喷涂机器人、点焊机器人、弧焊机器人、装配机器人等
成本	液压元件成本较高	成本低	成本高
维修及使用	方便,但油液对环境温度有一定要求	方便	较复杂

　　工业机器人驱动系统的选用应根据工业机器人的性能要求、控制功能、运行的功耗、应用环境及作业要求、性能价格比以及其他因素综合加以考虑。在充分考虑各种驱动系统特点的基础上,在保证工业机器人性能规范、可行性和可靠性的前提下做出决定。

　　一般情况下,各种机器人驱动系统的设计选用应考虑以下三个方面的因素:

（1）控制方式

对物料搬运（包括上、下料）、冲压用的有限点位控制的程序控制机器人，低速重负载时可选用液压驱动系统，中等负载、轻负载时可选用电动机驱动系统，轻负载、高速时可选用气动驱动系统，冲压机器人手爪多选用气动驱动系统。

（2）作业环境要求

从事喷涂作业的工业机器人，由于工作环境需要防爆，因此多采用电液伺服驱动系统和具有本征防爆的交流电动伺服驱动系统。水下机器人、核工业专用机器人、空间机器人以及在腐蚀性、易燃易爆气体、放射性物质环境中工作的移动机器人一般采用交流伺服驱动。若要求在洁净环境中使用，则多采用直接驱动电动机驱动系统。

（3）操作运行速度

对于装配机器人，由于要求其有较高的点位重复精度和较高的运行速度，通常在运行速度相对较低（$\leqslant 4.5$ m/s）的情况下，因此可采用 AC、DC 或步进电机伺服驱动系统；在速度、精度要求均很高的条件下，多采用直接驱动（direct drive，DD）电动机驱动系统。下面重点介绍电动机驱动方式。

机器人对关节驱动电动机的主要要求如下：

① 快速性。电动机从获得指令信号到完成指令所要求的工作状态的时间应短。响应指令信号的时间越短，电伺服系统的灵敏性就越高，快速响应性能也越好。一般以伺服电机的机电时间常数的大小来说明伺服电机快速响应的性能。

② 起动转矩惯量比大。在驱动负载的情况下，要求机器人的伺服电机的起动转矩大、转动惯量小。

③ 控制特性的连续性和直线性。随着控制信号的变化，电动机的转速能连续变化，有时还需转速与控制信号成正比或近似成正比。

④ 调速范围宽。能适用于 1∶1 000～1∶10 000 的调速范围。

⑤ 体积小，质量小，轴向尺寸短。

⑥ 能经受得起苛刻的运行条件，可进行频繁的正反向和加减速运行，并能在短时间内承受过载。

目前，由于高起动转矩、大转矩、低惯量的交、直流伺服电机在工业机器人中得到广泛应用，一般负载在 1 000 N（相当 100 kgf）以下的工业机器人大多采用电伺服驱动系统。所采用的关节驱动电动机主要是交流伺服电机、步进电机和直流伺服电机。其中，交流伺服电机、直流伺服电机和直接驱动电动机均采用位置闭环控制，一般应用于高精度、高速度的机器人驱动系统中。步进电机驱动系统多适用于对精度、速度要求不高的小型简易机器人开环系统中。交流伺服电机由于采用电子换向，无换向火花，在易燃易爆环境中得到了广泛的使用。机器人关节驱动电动机的功率范围一般为 0.1～10 kW。工业机器人驱动系统中所采用的电动机大致可细分为三种，如图 2-10 所示。

① 交流伺服电机：包括同步型交流伺服电机及反应式步进电机等。

② 直流伺服电机：包括小惯量永磁直流伺服电机、印制绕组直流伺服电机、大惯量永磁直流伺服电机、空心杯电枢直流伺服电机。

③ 步进电机：永磁感应步进电机。

(a) 交流伺服电机　　　　　　　　(b) 直流伺服电机　　　　　　　　(c) 步进电机

图 2-10　工业机器人驱动系统中所采用的电动机

速度传感器多采用测速发电机和旋转变压器,位置传感器多采用光电码盘和旋转变压器。近年来,国外机器人制造厂家已经在使用一种集光电码盘及旋转变压器功能为一体的混合式光电位置传感器,伺服电机可与位置及速度检测器、制动器、减速机构组成伺服电机驱动单元。伺服驱动系统的组成如图 2-11 所示。

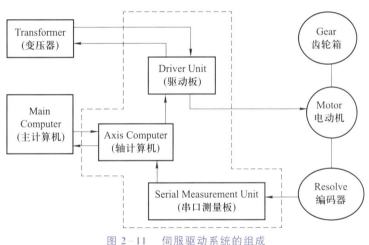

图 2-11　伺服驱动系统的组成

工业机器人电动伺服系统通常包括三个闭环控制,即电流环、速度环和位置环。许多国外电动机生产厂家已开发出与交流伺服电机相适配的驱动产品,用户可以根据所需功能侧重不同而选择不同的伺服控制方式。一般情况下,交流伺服驱动器可通过对其内部功能参数进行人工设定而实现以下功能:位置控制方式、速度控制方式、转矩控制方式、位置与速度混合方式、位置与转矩混合方式、速度与转矩混合方式、转矩限制、位置偏差过大报警、速度 PID 参数设置、速度及加速度前馈参数设置、零漂补偿参数设置和加减速时间设置等。

目前,工业机器人中也使用了一些特种驱动器,如压电驱动器、超声波电动机和真空电动机。众所周知,利用压电元件的电或电致伸缩现象已制造出应变式加速度传感器和超声波传感器。因为压电驱动器利用电场能把几微米到几百微米的位移控制在高于微米级大的力,所以压电驱动器一般用于特殊用途的微型机器人系统中。真空电动机用于超洁净环境下工作的真空机器人,如用于搬运半导体硅片的超真空机器人等。

2. 机械结构系统

机械结构系统就是传统上所说的机器人"本体",由机身、手臂、手腕和末端执行器四大件组成,如图 2-12 所示。有的机器人还有行走机构,大多数工业机器人有 3～6 个运动自由度。

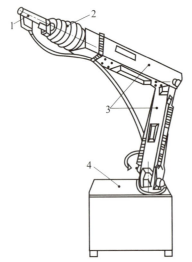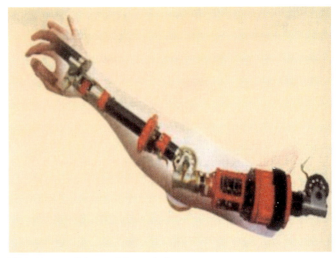

1—手部(末端执行器);2—手腕;3—手臂;4—机身。

图 2-12　机器人机械结构系统

(1) 机身

起支承作用,固定式机器人的基座直接连接在地面基础上,移动式机器人的基座安装在移动机构上。

(2) 手臂

连接机身和手腕,主要改变末端执行器的空间位置,如图 2-13 所示。因为手臂在工作中直接承受腕、手和工件的静、动载荷,自身运动又较多,所以受力复杂。

图 2-13　手臂内部图

手臂的长度要满足工作空间的要求。由于手臂的刚度、强度直接影响机器人的整体运动刚度,同时又要灵活运动,因此应尽可能选用高强度轻质材料,减轻其重量。在臂体设计中,也应尽量设计成封闭形和局部带加强肋的结构,以增加刚度和强度。手臂结构可分为横梁式、立柱式、机座式和屈伸式等四种,见表 2-2。

表 2-2　手臂的四种结构

横梁式	立柱式	机座式	屈伸式
机身设计成横梁式,用于悬挂手臂部件,这类机器人大都为移动式	立柱式机器人多采用回转型、俯仰型或屈伸型的运动形式,是一种常见的配置形式	机身设计成机座式,这种机器人可以使用独立的、自成系统的控制装置,可以随意安放和搬动	屈伸式机器人的臂部可以由大小臂组成,大小臂间有相对运动,成为屈伸臂
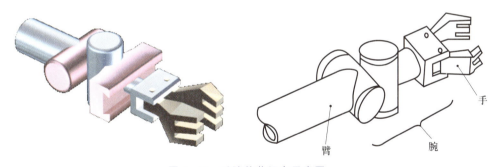			

（3）手腕

连接臂部和末端执行器。手腕确定末端执行器的作业姿态,一般需要 3 个自由度,由 3 个回转关节组合而成,组合方式多样。手腕关节组合示意图如图 2-14 所示。

为了使手部能处于空间任意方向,要求腕部能实现对空间 3 个坐标轴 X 轴、Y 轴和 Z 轴的转动。回转方向分为 3 种:“臂转”是绕小臂轴线方向的旋转,“手转”是使末端执行器绕自身的轴线旋转,“腕摆”是使手部相对臂部的摆动。

图 2-14　手腕关节组合示意图

腕部结构的设计要求传动灵活、结构紧凑轻巧、能够防止干扰。机器人多数将腕部结构的驱动部分安排在小臂上。首先设法使几个电动机的运动传递到同轴旋转的心轴和多层套筒上去,运动传入腕部后再分别实现各个动作。

（4）手部（末端执行器）

手部是机器人的作业工具。既包括抓取工件的各种抓手、取料器、专用工具的夹持器等,还包括部分专用工具,如拧螺钉、螺母机,喷枪,焊枪,切割头,测量头等。手部经常采用法兰连接,手部法兰如图 2-15 所示。

图 2-15　手部法兰

工业机器人的手部就像人的手爪一样,具有灵活的运动关节,能够抓取各种各样的物品。但是,因为机械手的手部是根据所抓物品量身定做的,所以机械手的手部会因抓取的工业用品体型、材料、重量等因素的不同而不同。

工业机器人的手部(也称抓手)是最重要的执行机构,从功能和形态上看,它可分为工业机器人的手部和仿人机器人的手部。常用的抓手按其握持原理可以分为夹持类和吸附类两大类,图 2-16 所示的是两种抓手的应用。

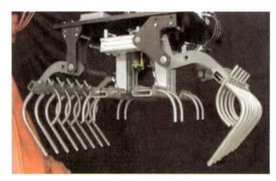
(a) 码垛抓持料袋抓手

(b) 吸附玻璃抓手

图 2-16　抓手应用

① 夹持类

夹持类手部除常用的夹钳式外,还有脱钩式和弹簧式。此类手部按其手指夹持工件时的运动方式不同又可分为手指回转型和指面平移型。夹钳式是工业机器人最常用的一种手部形式。如图 2-17 所示,夹钳式手部通常由手指、传动机构、驱动装置和支架组成。

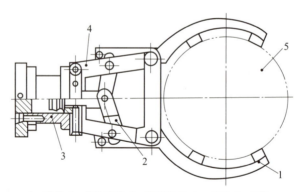

1—手指;2—传动机构;3—驱动装置;4—支架;5—工件。

图 2-17　夹钳式手部的组成

● 手指:是直接与工件接触的构件。手部松开和夹紧工件就是通过手指的张开和闭合来实现的。一般情况下,机器人的手部只有两个手指,少数有 3 个或多个手指。手指的结构形式常取决于被夹持工件的形状和特性,如图 2-18 所示。

根据工件形状、大小及被夹持部位材料的硬度、表面性质等的不同,手指的指面有光滑指面、齿形指面和柔性指面等三种形式。夹持金属材料的抓手分类如图 2-19 所示。手指材料选用恰

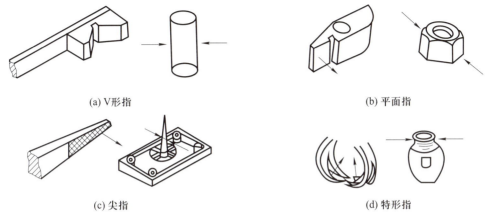

(a) V形指　　　　　　　　　　　　(b) 平面指

(c) 尖指　　　　　　　　　　　　(d) 特形指

图 2-18　手指与被夹持工件的形状与特性关系

当与否,对机器人的使用效果有很大的影响。对于夹钳式手部,其手指材料可选用一般碳素钢和合金结构钢。

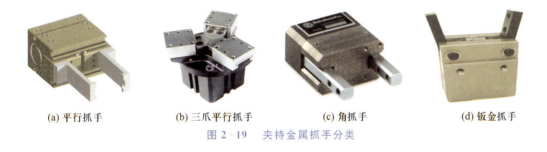

(a) 平行抓手　　　　(b) 三爪平行抓手　　　　(c) 角抓手　　　　(d) 钣金抓手

图 2-19　夹持金属抓手分类

- 传动机构:是向手指传递运动和动力,以实现夹紧和松开动作的机构。
- 驱动装置:是向传动机构提供动力的装置,按驱动方式不同有液压、气动、电动和机械驱动之分。
- 支架:使手部与机器人的腕或臂相连接。

② 吸附类

吸附类主要有气吸式和磁吸式两种。

气吸式手部是工业机器人常用的一种吸持工件的装置,由一个或多个吸盘、吸盘架及进排气系统组成,气吸吸盘如图 2-20 所示。气吸式手部具有结构简单、重量轻、使用方便可靠等优点,广泛应用于非金属材料(如板材、纸张、玻璃等物体)或不可有剩磁的材料的吸附。气吸式手部的另一个特点是对工件表面没有损伤,且对被吸持工件预定的位置精度要求不高。但是,气吸式手部要求工件上与吸盘接触部位光滑平整、清洁,被吸工件材质致密,没有透气空隙。气吸式手部是利用吸盘内的压力与大气压之间的压力差而工作的。按形成压力差的方法,气吸式手部可分为真空气吸、气流负压气吸和挤压排气负压气吸。

磁吸式手部利用永久磁铁或电磁铁通电后产生的磁力来吸附工件,其应用较广。磁吸式手部与气吸式手部相同,不会破坏被吸持工件表面质量,电磁吸盘如图 2-21 所示。磁吸式手部比气吸

31

式手部优越的方面是有较大的单位面积吸力,对工件表面粗糙度及通孔、沟槽等无特殊要求。

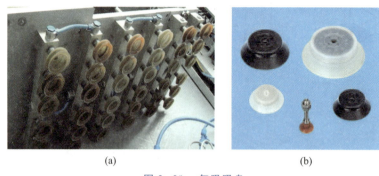

(a)　　　　　　　　　　　　　(b)

图 2-20　气吸吸盘

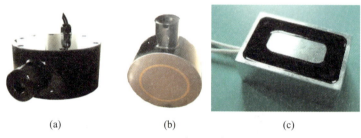

(a)　　　　　　　(b)　　　　　　　(c)

图 2-21　电磁吸盘

　　由于大部分工业机器人的手部只有两个手指,而且手指上一般没有关节;因此取料不能适应物体外形的变化,不能使物体表面承受比较均匀的夹持力,也无法满足对复杂形状、不同材质的物体实施夹持和操作。图 2-22 所示的是仿人手机器人的动作。

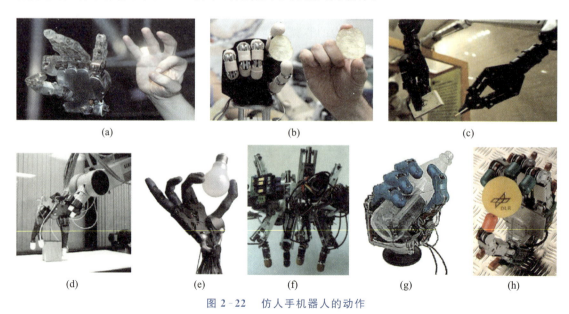

(a)　　　　　　　　　　(b)　　　　　　　　　　(c)

(d)　　　　　(e)　　　　　(f)　　　　　(g)　　　　　(h)

图 2-22　仿人手机器人的动作

为了提高机器人手部和手腕的操作能力、灵活性和快速反应能力,使机器人能像人手一样进行各种复杂的作业,必须有一个运动灵活、动作多样的灵巧手,即仿人手。手指的关节通常通过钢丝绳、记忆合金、人造肌纤维驱动。有了像人一样的"手指",就可以做更多细致精确的动作了!它也可以心灵手巧了!

多指机器人主要有柔性手和多指灵巧手两种,如图 2-23 所示。

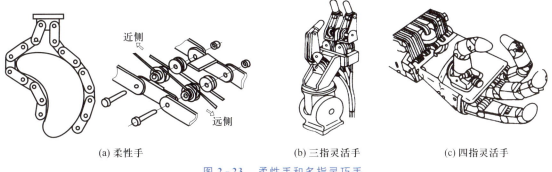

近侧

远侧

(a) 柔性手　　　　　　　　　(b) 三指灵活手　　　　　　　　　(c) 四指灵活手

图 2-23　柔性手和多指灵巧手

如表 2-3 所示,多指机器人灵巧手绝大多数采用电动机驱动;部分采用气压驱动和形状记忆合金等驱动方式;少数采用一些新型的驱动技术,如压电陶瓷驱动、可伸缩性聚合体驱动等。驱动形式多数是通过旋转型驱动器或直线型驱动器带动腱传动系统进行手指关节的远距离驱动。

表 2-3　多指机器人驱动方式特点及典型案例

驱动方式	特点	典型案例	
形状记忆合金	具有速度快、带负载能力强等优点,但是存在着疲劳、寿命短以及耗电较大等问题		日本在 1984 年研制成功的 Hitachi 手采用了一种能记住自身形状的合金。这种合金在其发生永久变形后,若将其加热到某一温度,则它能够恢复变形前的形状
气压驱动	能量存储方便,传动介质空气来源于大气,易于获取,并具有柔性;抗燃、防爆、不污染环境		美国麻省理工学院和犹他大学于 1980 年联合研制成功了 Utah/MIT 手。Utah/MIT 手的手指关节采用气动伺服缸作为驱动元件,由绳索(腱)和滑轮进行远距离传动。气动肌肉是近年来发展的热点,虽然气动肌肉驱动器的体积不大,但是输出力很大

续表

驱动方式	特点	典型案例
电动机驱动	从电动机的静态刚度、动态刚度、加速度、线性度、维护性、噪声等技术指标来看,电驱动的综合性能比气压驱动和液压驱动要好	 2000年美国国家航空宇航局约翰逊空间中心研制的NASA多指灵巧手用于国际空间站上进行舱外作业。NASA手由一个安装了14个电动机和12个分离的驱动控制电路板的前臂、一个2自由度手腕和12个自由度的五指手组成,共14个自由度

3. 机器人-环境交互系统

机器人-环境交互系统是实现工业机器人与外部环境中的设备相互联系和协调的系统。机器人与外部设备集成为一个功能单元,如加工制造单元、焊接单元、装配单元等;也可以是多台机器人、多台机床或设备、多个零件储存装置等集成为一个去执行复杂任务的功能单元。

例如,达·芬奇机器人手术系统主要由一个外科医生操作的人机控制台,一个装有4支7自由度交互手臂的手术台和一个高精度的3D HD视觉系统构成,如图2-24所示。

图 2-24　达·芬奇机器人手术系统

再如,柔性制造系统是由统一的信息控制系统、物料储运系统和一组数字控制加工设备组成,能适应加工对象变换的自动化机械制造系统,如图2-25所示。柔性制造系统中通常会有多台工业机器人与多台数控机床配合完成复杂的生产过程。

图 2-25　工业机器人与机床的柔性制造系统

4. 感受系统

感受系统由内部传感器和外部传感器组成,其作用是获取机器人内部和外部环境信息,并把这些信息反馈给控制系统。内部传感器用于检测各个关节的位置、速度等变量,为闭环伺服控制系统提供反馈信息。外部传感器用于检测机器人与周围环境之间的状态变量,如距离、接近程度和接触情况等,用于引导机器人,便于其识别物体并做出相应处理。外部传感器一方面使机器人更准确地获取周围环境情况,另一方面也能起到误差矫正的作用。

图 2-26 所示的是工业机器人的视觉定位系统,它由机器人本体、交流伺服驱动装置、运动控制器、PC 和工业数字摄像头构成。图 2-27 所示为工业机器人的"五官"系统,包括触觉(力与力矩传感器)、视觉(视频)、听觉(语音)和工业 PDA(RFID 读写器)等。它们向工业机器人发送信息,共同构成工业机器人的信息反馈控制系统。

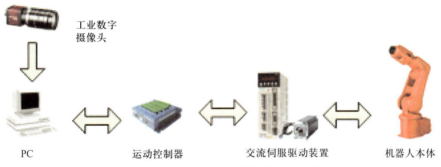

图 2-26　工业机器人的视觉定位系统

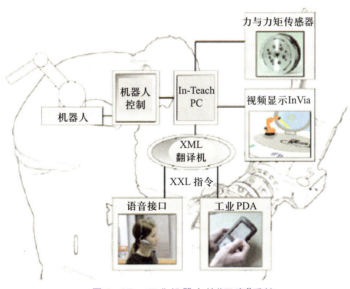

图 2-27　工业机器人的"五官"系统

5. 人机交互系统

人机交互系统是人与机器人联系和参与机器人控制的装置,分别是指令给定装置和信息显示装置,就像打游戏时需要的游戏机操作手柄一样。人机交互系统一般是工业机器人的自带示教单元和上位机软件。

6. 控制系统

控制系统按照输入的程序对驱动系统和执行机构发出指令信号并进行控制,信号传输线路大多数都在机械手内部,其内部结构如图 2-28 所示。控制系统的任务是根据机器人的作业指令程序以及从传感器反馈回来的信号,支配机器人的执行机构去完成规定的运动和功能。

图 2-28　工业机器人控制系统的内部结构

根据控制原理,工业机器人的控制系统可分为程序控制系统、自适应控制系统和人工智能控制系统;根据控制运动的形式,工业机器人的控制系统可分为点位控制和连续轨迹控制。

(1) 程序控制系统

给每个自由度施加一定规律的控制作用,机器人就可实现要求的空间轨迹。

(2) 自适应控制系统

当外界条件变化时,为保证所要求的品质或为了随着经验的积累而自行改善控制品质,其控制过程是基于操作机的状态和伺服误差的观察,调整非线性模型的参数,直到误差消失。这种控制系统的结构和参数能随时间和条件自动改变。

(3) 人工智能控制系统

事先无法编制运动程序,而是要求在运动过程中根据所获得的周围状态信息,实时确定控制作用。当外界条件变化时,为保证所要求的品质或为了随着经验的积累而自行改善控制品质,其控制过程是基于操作机的状态和伺服误差的观察,调整非线性模型的参数,直到误差消失。由于这种控制系统的结构和参数能随时间和条件自动改变,因此是一种自适应控制系统。

▶ 2.2.2　工业机器人的主要参数

应用这么广泛的设备,在选购的时候要特别关注哪些核心参数呢?

1. 自由度

自由度是指机器人所具有的独立坐标轴运动的数目,不包括手爪(末端执行器)的开合自由度。在工业机器人系统中,一个自由度需要有一个电动机驱动。在三维空间中描述一个物体的位置和姿态(简称位姿)需要 6 个自由度。在实际应用中,工业机器人的自由度是根据其用途而设计的,可能小于 6 个自由度,也可能大于 6 个自由度。图 2-29 所示为 5 自由度机器人,图 2-30 所示为 6 自由度机器人。

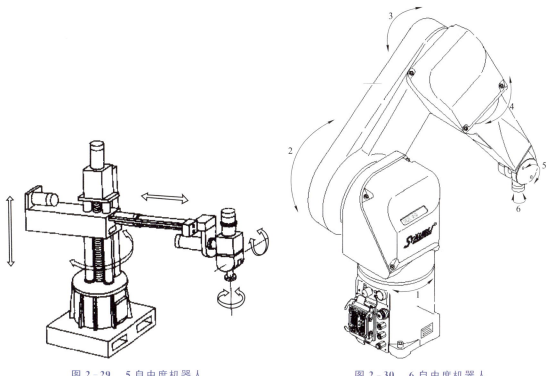

图 2-29　5 自由度机器人　　　　　图 2-30　6 自由度机器人

2. 精度

工业机器人的精度包括定位精度和重复定位精度。定位精度是指机器人手部实际到达位置与目标位置之间的差异,用反复多次测试的定位结果的代表点与指定位置之间的距离来表示。重复定位精度是指机器人重复定位手部于同一目标位置的能力,以实际位置值的分散程度来表示。实际应用中常以重复测试结果的标准偏差值的 3 倍来表示,它是衡量一系列误差值的密集度。图 2-31 所示的是工业机器人定位精度和重复定位精度图例。

3. 工作范围

工作范围是指机器人手臂末端或手腕中心所能达到的所有点的集合,也称工作区域。因为末端操作器的形状和尺寸是多种多样的,所以为了真实地反映机器人的特征参数,一般工作范围是指不安装末端操作器的工作区域。工作范围的形状和大小是十分重要的,机器人在执行某作业时可能会因为存在手部不能到达的作业死区而不能完成任务,图 2-32 所示的是 ABB IRB 120 和 IRB 1410 型工业机器人的工作范围示意图。

4. 最大工作速度

对于最大工作速度,有的厂家是指工业机器人自由度上最大的稳定速度,有的厂家则是指手臂末端最大合成速度,通常技术参数中都有说明。工作速度越高,工作效率就越高。但是,工作速度越高就需要花费更多的时间去升速和降速。

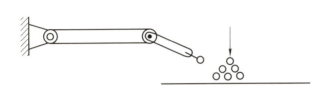

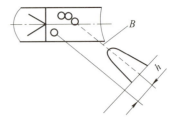

(a) 重复定位精度的测定   (b) 合理的定位精度，良好的重复定位精度

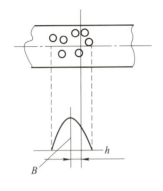

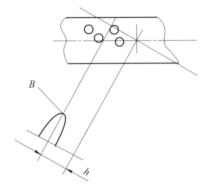

(c) 良好的定位精度，较差的重复定位精度   (d) 很差的定位精度，良好的重复定位精度

图 2-31　工业机器人定位精度和重复定位精度图例

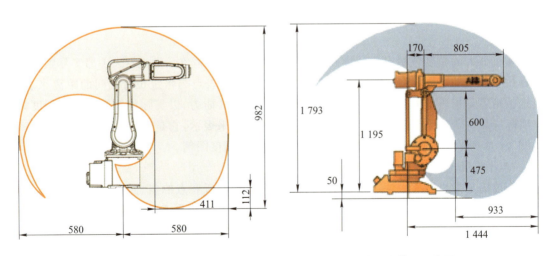

图 2-32　ABB IRB 120 和 IRB 1410 型工业机器人的工作范围示意图

5. 承载能力

承载能力是指机器人在工作范围内的任何位置上所能承受的最大质量。承载能力不仅决定于负载的重量，而且与机器人运行的速度、加速度的大小和方向有关。为了安全起见，承载能力这一技术指标是指高速运行时的承载能力。承载能力不仅指负载，而且包括了机器人末端操作

器的质量。

6. 原点

原点分为机械原点和工作原点两种。机械原点是指工业机器人各自由度共用的、机械坐标系中的基准点，工作原点是指工业机器人工作空间的基准点。

●●● 2.3 任务3 认识ABB工业机器人 ●●●

互动练习：工业机器人的结构与主要参数

任务目标

① 认识ABB企业的发展和优势；
② 认识ABB工业机器人的主要产品及功能；
③ 认识IRB 120工业机器人的技术指标及应用。

ABB是工业自动化领域的巨头，了解ABB企业发展历程、企业文化和企业优势，对于国内工控企业的发展有一定的借鉴作用。

1. ABB在中国

ABB业务遍布全球100多个国家和地区，拥有员工14.5万名，2012年销售收入达390亿美元，是由分别成立于1883年和1891年的瑞士和瑞典两家工程公司于1988年合并而成的上市公司，总部位于瑞士。ABB的主要业务涉及电力产品、电力系统、离散自动化与运动控制、低压产品和过程自动化五大部分，如图2-33所示。

图2-33 ABB的五大业务组成

ABB在输配电以及电力设施解决方案领域保持世界领先地位。图2-34所示的是ABB设计制造的全球第一台高压直流断路器，图2-35所示的是ABB设计制造的全球第一个船载直流电网。

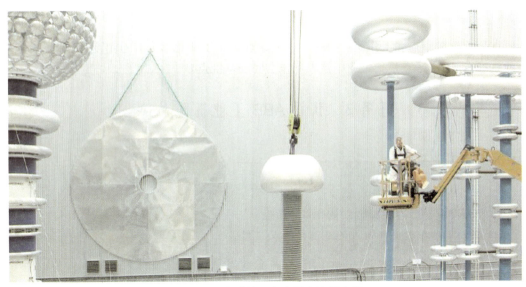

图 2-34 全球第一台高压直流断路器

图 2-35 全球第一个船载直流电网

　　ABB 致力于研发、生产机器人已有 40 多年的历史,拥有全球超过 200 000 多套机器人的安装经验。ABB 是工业机器人的先行者以及世界领先的机器人制造厂商,在瑞典、挪威和中国等地设有机器人研发、制造和销售基地。如图 2-36 所示,ABB 于 1969 年售出全球第一台喷涂机器人。如图 2-37 所示,Bjorn Weichbrodt 博士在 1974 年基于 ABB 强大电气自动化实力开发出真正意义上的电动工业机器人,并售出用于不锈钢管打磨。ABB 拥有当今最多种类、最全面的机器人产品、技术和服务以及最大的机器人装机量。ABB 的领先不光体现在其所占有的市场份额和规模,还包括其在行业中敏锐的前瞻眼光。

图 2-36　全球第一台喷涂机器人

图 2-37　全球第一台工业机器人

　　ABB 机器人早在 1994 年就进入了中国市场。经过近 20 年的发展，在中国，ABB 先进的机器人自动化解决方案和包括白车身、冲压自动化、动力总成和涂装自动化在内的四大系统正为各大汽车整车厂和零部件供应商以及消费品、铸造、塑料和金属加工工业提供全面完善的服务。ABB 基于"根植本地，服务全球"的经营理念，将中国研发、制造的产品和系统设备销往全球各地。同时，ABB 在中国的全球采购计划为世界各地的 ABB 公司服务。图 2-38 所示为 ABB 的应用示例。

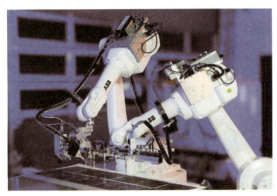 

(a)　　　　　　　　　　　　　　　　(b)

图 2-38　ABB 的应用示例

　　2005 年，ABB 在中国上海开始制造工业机器人并建立了国际领先的机器人生产线。同年机器人研发中心也在上海设立。ABB 集团是目前唯一一家在华从事工业机器人研发和生产的国际企业。2006 年，ABB 集团将机器人全球业务总部落户中国上海。2009 年，ABB 机器人全球业务总部迁址上海浦东康桥工业园区，占地面积超过 72 000 m²，比原址扩大了 3 倍多。公司产能得到大幅度提高，产品生产线更加丰富和完善。ABB 致力于提供解决方案，帮助客户提高生产率，改善产品质量，提升安全水平。

　　在中国，ABB 不但服务于诸多知名跨国公司，而且与越来越多的本地优秀企业建立起密切关系。更多资讯可以通过以下途径了解。

　　ABB 机器人官方网站 http://www.abb.com/robotics

　　机器人合作伙伴网站 http://www.robotpartner.cn

　　机器人合作伙伴邮箱 support@robotpartner.cn

　　机器人技术支持博客 http://blog.sina.com.cn/robotpartner

　　机器人在线视频教学 http://u.youku.com/robotpartner

　　2. ABB 工业机器人家族

　　除了不断创新的技术外，ABB 产品的丰富性和优质的服务也为用户和市场所认可，机器人产品的家族性更为业界所称道。目前 ABB 更大、更强的机械管理机器人 IRB 6600 家族包含最新一代机器人产品，实现了 600~5 000 t 机械设备的最优化管理。IRB 6600 家族包含 IRB 6620 系列、IRB 6620 shelf 系列、IRB 6640 系列、IRB 6650 系列和 IRB 6660 系列，可满足用户的多种需求。

　　用于包装行业的机器人有 IRB 340、IRB 260、IRB 660、IRB 1400、IRB 1600、IRB 2400、IRB 4400、IRB 6400、IRB 6600 以及 IRB 7600 系列，不仅可满足包装行业任何用户苛刻的要求，而且产品的通用性也可满足其他行业的工作要求。机器人铭牌如图 2-39 所示，系统盘标签如图 2-40 所示。

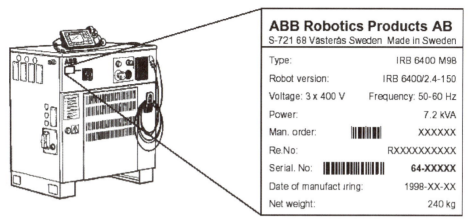

图 2-39   机器人铭牌

ABB 机器人常规型号包括 IRB 1400、IRB 2400、IRB 4400、IRB 6400 和 IRB 6600。其中，IRB 是指 ABB 标准机器人，第一位数(1、2、4、6)是指机器人大小，第二位数(4)是指机器人属于 S4 以后的系统。无论何种型号的机器人，都表示机器人本体特性，适用于任何机器人控制系统。

作为机器人技术的开拓者和领导者，ABB 拥有当今最多种类、最全面的机器人产品、技术和服务。目前 ABB 在全世界范围已经安装了 17.5 万多台工业机器人，面向行业众多。ABB 主要型号机器人的特点及图示见表 2-4。

```
ABB

64-00000
System Key S4C 3.1
Program No 3 HAB2390-1/03
Boot dlsk 1(1)

Property of ABB Viisteras/Sweden.All rights reserved.Reproduction,
modification,use or disclosure to third parties without express authority
is strictly forbidden.Copyright 1993.Restricted to be used in the
controller(s) with the serial no as marked on disk.

ABB Robotics Products AB
```

图 2-40   系统盘标签

表 2-4   ABB 主要型号机器人的特点及图示

型号	IRB 120	IRB 1410	IRB 1600
特点	最小的紧凑柔性多用途机器人，荷重 3 kg(垂直腕为 4 kg)，工作范围达 580 mm，紧凑、灵活、轻量级，周期时间改善高达 25%	工作范围大，到达距离长(最长 1.44 m)。承重能力为 5 kg，上臂可承受 18 kg 的附加载荷。手臂上的送丝机构配合 IRC5 使用的弧焊功能，可完美完成弧焊作业	承重能力为 6~10 kg，工作范围达 1.2~1.5 m，作业周期缩短了一半。采用低摩擦齿轮，最大速度下的功耗降至 0.58 kW，低速运转时功耗更低
图示	982, 411, 112, 580, 580	170, 805, 1 793, 1 195, 600, 50, 475, 933, 1 444	IRB 1600/1.45 m, 1 786, 720, 114, 1 150, 1 450, 1 002

型号	IRB 360	IRB 5400	IRB 660
特点	工作直径为 800 mm，占地面积小、速度快、柔性好、负载大（荷重 8 kg），采用可冲洗的卫生设计，出众的跟踪性能，集成视觉软件，步进式传送带同步集成控制	专用喷涂机器人，拥有喷涂精确、正常运行时间长、漆料耗用省、工作节拍短以及有效集成涂装设备等优势。将换色阀、漆料泵、流量传感器和空气/漆料调节器集成到手臂上	4 轴设计，具有 3.15 m 到达距离和 250 kg 有效载荷的高速机器人。运行时间长、速度快、精度高、功率大、坚固耐用，可满足任何袋、盒、板条箱、瓶等包装形式的物料堆垛应用需求
图示			

3. 认识 IRB 120 机器人

IRB 120 是 ABB 于 2009 年 9 月推出的最小机器人和速度最快的 6 轴机器人，是由 ABB（中国）机器人研发团队首次自主研发的一款新型机器人，是 ABB 新型第四代机器人家族的最新成员。IRB 120 具有敏捷、紧凑、轻量的特点，控制精度与路径精度俱优，是物料搬运与装配应用的理想选择。

IRB 120 仅重 25 kg，荷重 3 kg（垂直腕为 4 kg），工作范围达 580 mm，手腕中心点工作范围如图 2-41 所示，具体参数见表 2-5。

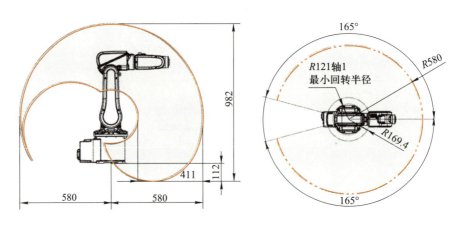

图 2-41　IRB 120 手腕中心点工作范围

表 2-5　IRB 120 的主要参数

规格				运动		
型号	工作范围	有效荷重	手臂荷重	轴运动	工作范围	最大速度
IRB 120-3/0.6	580 mm	3 kg	0.3 kg	轴 1 旋转	+165°~-165°	250°/s
特征				轴 2 手臂	+110°~-110°	250°/s
集成信号源	手腕设 10 路信号			轴 3 手臂	+70°~-90°	250°/s
集成气源	手腕设 4 路气路(5 bar)			轴 4 手腕	+160°~-160°	320°/s
重复定位精度	0.01 mm			轴 5 弯曲	+120°~-120°	320°/s
机器人安装	任意角度			轴 6 翻转	+400°~-400°	420°/s
防护等级	IP30			性能(1 kg 拾料节拍)		
控制器	IRC5 紧凑型/IRC5 单柜或面板嵌入式			25 mm×300 mm×25 mm		0.58 s
电气连接				TCP 最大速度		6.2 m/s
电源电压	200~600 V,50/60 Hz			TCP 最大加速度		28 m/s^2
额定功率				加速时间 0~1 m/s		0.07 s
变压器额定功率	3.0 kva			环境(机械手环境温度)		
功耗	0.25 kW			运行中		+5℃(41℉)~+45℃(113℉)
物理特性				运输与储存		-25℃(-13℉)~+55℃(131℉)
机器人底座尺寸	180 mm×180 mm			短期		最高+70℃(158℉)
机器人高度	700 mm			相对湿度		最高 95%
重量	25 kg			噪声水平		最高 70 dB
辐射	EMC/EMI 屏蔽			安全性		安全停、紧急停、2 通道安全回路检测、3 位启动装置

　　在尺寸大幅缩小的情况下,IRB 120 继承了该系列机器人的所有功能和技术,为缩减机器人工作站占地面积创造了良好条件。紧凑的机型结合轻量化的设计成就了 IRB 120 卓越的经济性与可靠性,使得它具有低投资、高产出的优势。

　　IRB 120 的最大工作行程为 411 mm,底座下方拾取距离为 112 mm,广泛适用于电子、食品饮料、机械、太阳能、制药、医疗、研究等领域,也是教学领域最常见机型。为缩减机器人占用空间,IRB 120 可以任何角度安装在工作站内部、机械设备上方或生产线上其他机器人的近旁。机器人第 1 轴回转半径极小,更有助于缩短与其他设备的间距。

　　4. 认识 IRC5 控制器系统

　　IRC5 控制器系统包括主电源、计算机供电单元、计算机控制模块(计算机主体)、输入/输出板、用户连接端口(customer connections)、FlexPendant 接口(示教盒接线端)、轴计算机板和驱动单元(机器人本体、外部轴),如图 2-42 所示,图上标注说明如下:

A：操纵器（图示为普通型号）。

B1：IRC5 Control Module，包含机器人系统的控制电子装置。

B2：IRC5 Drive Module，包含机器人系统的电源电子装置。在 Single Cabinet Controller 中，Drive Module 包含在单机柜中。MultiMove 系统中有多个 Drive Module。

C：RobotWare 光盘包含的所有机器人软件。

D：说明文档光盘。

E：由机器人控制器运行的机器人系统软件。

F：RobotStudio Online 计算机软件（安装于 PC 上）。RobotStudio Online 用于将

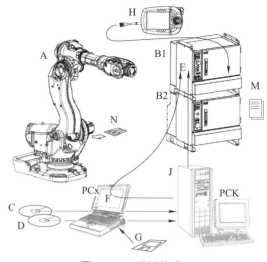

图 2-42　系统构成

RobotWare 软件载入服务器，以及配置机器人系统并将整个机器人系统载入机器人控制器。

G：带 Absolute Accuracy 选项的系统专用校准数据磁盘。不带此选项的系统所用的校准数据通常随串行测量电路板（SMB）提供。

H：与控制器连接的 FlexPendant。

J：网络服务器（不随产品提供），可用于手动储存 RobotWare、成套机器人系统、说明文档。在此情况下，服务器可视为某台计算机使用的存储单元，甚至计算机本身。如果服务器与控制器之间无法传输数据，那么可能是服务器已经断开。

PCK：服务器，其用途是使用计算机和 RobotStudio Online 可手动存取所有的 RobotWare。手动存储由便携式计算机和 RobotStudio Online 安装所有机器人说明文档和全部系统配置文件。在此情况下，服务器可视为便携式计算机的存储单元。

M：RobotWare 许可密钥。原始密钥字符串印于 DriveModule 内附纸片上。对于 Dual Controller，其中一个密钥用于 Control Module，另一个用于 Drive Module；而在 MultiMove 系统中，每个模块都有一个密钥。RobotWare 许可密钥在出厂时安装，从而无须额外的操作来运行系统。

N：处理分解器数据和存储校准数据的串行测量电路板（SMB）。对于不带 Absolute Accuracy 选项的系统，出厂时校准数据存储在 SMB 上。

PCx：计算机（不随产品提供），可能就是图 2-42 所示的服务器 J。如果服务器与控制器之间无法传输数据，那么可能是计算机已经断开连接。

5．认识示教单元

如图 2-43 所示，在示教器中，FlexPendant 设备（有时也称为 TPU 或教导器单元）用于处理与机器人系统操作相关的许多功能，包括运行程序、微动控制操纵器、修改机器人程序等。在使动装置上的三级按钮中，默认不按为一级不得电，按一下为二级得电，按到底为三级不得电。

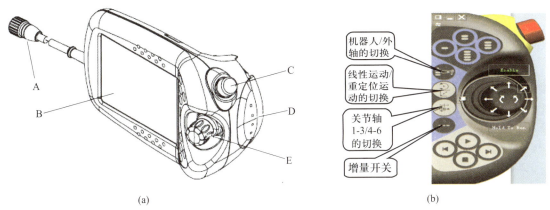

A—连接器;B—触摸屏;C—紧急停止按钮;D—使动装置;E—控制杆。
图 2-43　示教器

示教单元的基本窗口包括初始窗口(图 2-44)、Jogging 窗口、输入/输出(I/O)窗口、Quickset Menu(快捷菜单)和特殊工作窗口。

A—ABB 菜单;B—操作员窗口;C—状态栏;D—关闭按钮;E—任务栏;F—快速设置菜单。
图 2-44　初始窗口

互动练习:认识 ABB 工业机器人

2.4　任务4　认识更多的工业机器人

① 认识发那科、安川、KUKA、三菱等知名品牌工业机器人及主要产品；
② 认识新松等国内品牌工业机器人。

业内通常将工业机器人分为日系和欧系。日系工业机器人品牌的代表有安川、OTC、松下、发那科(FANUC)、三菱、不二越、川崎等公司；欧系工业机器人品牌的代表有德国的 KUKA、CLOOS，瑞典的 ABB，意大利的 COMAU，奥地利的 IGM 等。2012 年国内机器人销量 TOP10 排行榜如图 2-45 所示。

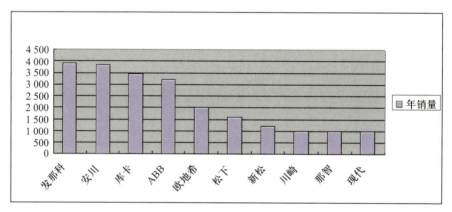

图 2-45　2012 年国内机器人销量排行榜(10 厂商)

发那科、安川、库卡和 ABB 被称为国际工业机器人行业四巨头。如图 2-46 所示，2009 年—2012 年，这四家厂商在华销量整体呈明显上扬趋势。2012 年其销量总和达 14 470 台，占当年中国机器人市场销量的 53.8%。

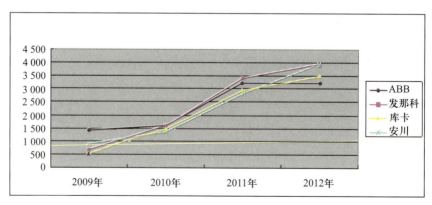

图 2-46　2009 年—2012 年工业机器人四巨头在华销量走势

下面介绍几个国外知名品牌和国产品牌的工业机器人。

1. 发那科(FANUC)工业机器人介绍

FANUC 公司创建于 1956 年,其中文名称是发那科,是当今世界上数控系统科研、设计、制造、销售实力最强的企业。

自 1974 年首台机器人问世以来,发那科致力于机器人技术上的领先与创新,是世界上唯一一家由机器人来做机器人的公司,唯一提供集成视觉系统的机器人企业,以及唯一一家既提供智能机器人又提供智能机器的公司。发那科机器人的产品系列多达 240 种,负重从 0.5 kg 到 1.35 t,广泛应用在装配、搬运、焊接、铸造、喷涂、码垛等生产环节,满足客户的不同需求。发那科主要型号机器人的参数及实物图如表 2-6 所示。2008 年 6 月,发那科成为世界第一个突破 20 万台机器人的厂家。2011 年,发那科全球机器人的装机量已超 25 万台。

表 2-6　发那科主要型号机器人的参数及实物图

型号	F-200iB	R-1000iA	M-2iA (拳头机器人二号)	M-3iA (拳头机器人三号)
应用参数	装配、喷涂及涂装、机床上下料、材料加工、物流搬运、点焊。 最大负重:100 kg。 可达半径:437 mm×1 040 mm	小型高速机器人,紧凑的机器人结构和优越的动作性能最适合于采用密集型布局的搬运、点焊作业。 最大负重:100 kg。 可达半径:2 230 mm	完全密封结构(IP69K),高压喷流清洗、高速搬运、装配机器人。 最大负重:3 kg。 直径:800 mm。 高度:300 mm	大型高速搬运、装配。 最大负重:6 kg。 机器人直径:1 350 mm。 高度:500 mm
实物图				

在 2010 年世博会的上海企业馆里,发那科机器人更是铆足劲头,大展风采。它在动作上与真人神似,每天精神抖擞,身穿着醒目的黄色外衣。在互动中,它"脑""眼""手""耳"协调配合,能够自行调整姿态。一听到参观者选择的声音,便用它特有的大眼睛,摇晃着强壮手臂,挑选出所要的大魔方进行图片拼装,完成一系列识别、抓取、搬运、码放等多项任务,并将由 15 块魔方体组成的重达 1 t 的大图片一下子高高举起,左右展示,以此"炫耀"自己的强悍本领,如图 2-47 所示。高兴之余,它还邀请观众共同翩翩起舞,随着美妙的舞乐,让数千万观众的世博机器人之旅不虚此行。

(a)   (b)

图 2 - 47   2010 年世博会上的发那科机器人

2. 安川工业机器人介绍

1977 年,安川电机运用自有的运动控制技术开发生产出了日本第一台全电气化的工业机器人"莫托曼 1 号"。此后,安川电机又相继开发了焊接、装配、喷漆、搬运等各种各样的自动化作用机器人,并一直引领着全球产业用机器人市场。截至 2011 年,安川电机累计出厂的机器人台数已经位居全球首位,并凭借对多样化运用以最适用的机器人来满足用户的需求。图 2 - 48 所示是安川半拟人化双臂机器人。

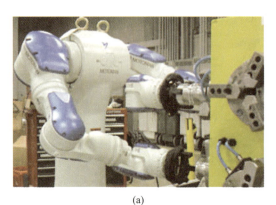
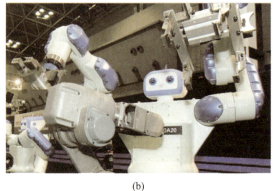

(a)   (b)

图 2 - 48   安川半拟人化双臂机器人

安川的多功能机器人以"提供解决方案"为概念,在重视客户交流对话的同时,针对更宽广的需求和多种多样的问题提供最为合适的解决方案,并实行对 FA. CIM 系统的全线支持。目前,莫托曼(MOTOMAN)可以说是安川的代名词,产品应用在汽车零部件、机器、电机、金属、物流等各个产业领域。安川主要型号机器人的参数及实物图见表 2 - 7。

表 2-7　安川主要型号机器人的参数及实物图

型号	6 轴垂直多关节 MOTOMAN-MA1400	6 轴垂直多关节 MOTOMAN-MA1900	6 轴垂直多关节 MOTOMAN-MH5 系列	6 轴垂直多关节 MOTOMAN-MH6
参数	负载:3 kg。 应用领域:弧焊、搬运等。 到达距离:1 434 mm	负载:3 kg。 应用领域:弧焊、搬运等。 到达距离:1 904 mm	负载:5 kg。 应用领域:搬运、装配等。 到达距离:706 mm	负载:6 kg。 应用领域:搬运、弧焊等。 到达距离:1 422 mm
实物图				
型号	6 轴垂直多关节 MOTOMAN-MH50	6 轴垂直多关节 MOTOMAN-MS80	4 轴垂直多关节 MOTOMAN-MPL100	6 轴垂直多关节 MOTOMAN-ES165D
参数	负载:50 kg。 应用领域:搬运等。 到达距离:2 061 mm	负载:80 kg。 应用领域:点焊、搬运等。 到达距离:2 061 mm	负载:100 kg。 应用领域:高速码垛等。 到达距离:3 159 mm	负载:165 kg。 应用领域:搬运、弧焊、激光焊接切割等。 到达距离:2 651 mm
实物图				

3. 库卡(KUKA)工业机器人介绍

1973 年,库卡研发出其第一台工业机器人并命名为 FAMULUS,这是世界上第一台机电驱动的 6 轴机器人。目前,库卡公司的 4 轴和 6 轴机器人有效载荷范围达 3 kg～1 300 kg,机械臂展达 350 mm～3 700 mm,机型包括 SCARA、码垛机、门式和多关节机器人等。这些机器人皆采用基于通用 PC 控制器平台控制。由此,库卡公司开创了以软件、控制系统和机械设备完美结合为特征的机电一体化时代。库卡主要型号机器人的特点、参数及实物图见表 2-8。

2001 年,库卡公司开发的"RoboCoaster"是世界上第一台客运工业机器人。它可以提供两名乘客类似于过山车式的运动序列,其行驶实现了程序化,如图 2-49 所示。目前进行的"RoboCoaster"开发针对轨道行程,目的是为主题公园与娱乐项目等开发沿预定路径运行(如过山车)的设施。

表2-8　库卡主要型号机器人的特点、参数及实物图

型号	低负荷 KR 16-2F	中等负荷 KR 30-3F	高负荷 KR 270 R2900	超重负荷 KR 500 570-2PA
特点及参数	在高温环境下可以出色地完成高温易碎玻璃成形件的操作。 负荷:16 kg。 附加负荷:10 kg。 最大作用范围:1 610 mm。 轴数:6	在浇铸工艺中,可对浇斗的回转驱动装置进行自由编程,并通过机器人的第6轴或附加轴进行控制。 负荷:30 kg。 附加负荷:35 kg。 最大作用范围:2 041 mm。 轴数:6	极高的稳定性和精确性,作业周期缩短25%,同时具有很高的轨迹精度和最佳节能效果。 负荷:270 kg。 附加负荷:50 kg。 最大作用范围:2 901 mm。 轴数:6	负荷能力堪称冠军。通过混合和非混合三种不同规则实现货盘堆垛应用。 负荷:420 kg/480 kg/570 kg。 附加负荷:50 kg。 最大作用范围:3 326 mm/3 076 mm/2 826 mm。 轴数:6
实物图				

图2-49　过山车机器人

　　库卡工业机器人在多部好莱坞电影中出现过。如图2-50所示,在詹姆斯·邦德的电影《新铁金刚之不日杀机》中,有一个场景描述的是在冰岛的一个冰宫,国家安全局特工(哈莉·贝瑞)

2

的厄运——受到激光焊接机器人的威胁;在朗·霍华德导演的电影《达·芬奇密码》中,一个库卡机器人递给汤姆·汉克斯扮演的罗伯特兰登一个装有密码筒的箱子。

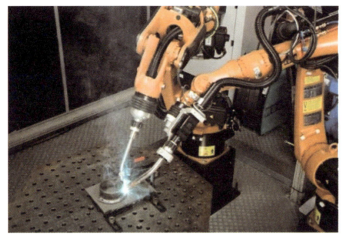

图 2-50　激光焊接机器人

4. 三菱工业机器人介绍

三菱电机从 1982 年开始研发工业机器人,目前以小型机器人为主要产品,其主要型号机器人的特点、参数及实物图见表 2-9。三菱电机主要推出的 MELFAF 系列工业机器人,水平多关节可以实现 3~20 kg 的抓取,垂直多关节可实现 2~12 kg 的抓取,动作范围是±170°,这大大提高了机器人的作业空间,实现全角度移动。

表 2-9　三菱主要型号机器人的特点、参数及实物图

型号	立式 RV-3 SD/6 SD/12 SD 系列	卧式 RH-6 SDH/12 SDH/20 SDH 系列	微型用作业机器人 RP-1AH/3AH/5AH 系列
特点及参数	实际作业 tact time 最大缩短 15% 幅度。附加功能:附加轴控制、追踪机能、Ethernet 等提升目标。 最大合成速度:5.5 m/s。 最大可搬重量:3.5 kg	监视 ROBOT 的姿势、负荷,依据实际调整伺服增益/滤波。 冲突检知机能,支持原点回归、维修检测预知机能、搭载等新功能	设置面积 A4 尺寸、重量约 8 kg 新设计的小型控制器。搭载独自开发的 5 节闭连接机构及 64 bitCPU。可使用 200 V 及 100 V 的电压。 循环时间:0.28 s。 到达往返位置精度:±5 μm
实物图			

MELFAF 系列工业机器人搭载了 2D、3D 视觉传感器,使机器人能够通过图像监测轻松实现 2 维、3 维的工件抓取。同时,MELFAF 系列工业机器人配有力觉传感器,利用压力监测的原理能够轻松应对精密电子行业复杂的接插组装及连续作业,从而使机器人的功能更为精准及人性化。

MELFAF 系列工业机器人还搭配了三菱公司自行研发的电动机、高刚性手臂及驱动控制装置。与三菱 S 系列的产品相比,MELFAF 系列的工业机器人的标准周期时间缩短了 31%,搬运能力是之前系列机器人产品的 1.7 倍,提升上下动作的速度也是之前系列的机器人产品的 2 倍。MELFAF 系列的工业机器人于 2013 年下半年面向中国市场上市。

5. 沈阳新松机器人

在"中国机器人之父"蒋新松院士(国家 863 计划自动化领域首席科学家)的多方奔走之下,国家终于把机器人列入"863 计划"。当时,在沈阳自动化所学习的曲道奎(目前沈阳新松机器人自动化有限公司董事长)成为蒋新松开辟的机器人专业首批研究生,新松机器人就是为纪念他而命名的。

沈阳新松机器人产品线涵盖工业机器人、洁净(真空)机器人、移动机器人、特种机器人及智能服务机器人五大系列。其中,工业机器人产品填补多项国内空白,创造了中国机器人产业发展史上 88 项"第一"。在高端智能装备方面,沈阳新松已形成智能物流、自动化成套装备,洁净装备,激光技术装备,轨道交通、节能环保装备,能源装备,特种装备产业群组化发展。沈阳新松是国际上机器人产品线最全厂商之一,也是国内机器人产业的领导企业。沈阳新松机器人产品如图 2-51 所示,主要型号机器人的特点及实物图见表 2-10。

(a) 洁净机器人　　　(b) 陪护机器人　　　(c) 折管弯管特种机器人　　　(d) AVG引导车

图 2-51　新松机器人产品

表 2-10　沈阳新松主要型号机器人的特点及实物图

型号	SR6C/SR10C 6 kg/10 kg 机器人	SR50A/SR80A 50 kg/80 kg 机器人	SR165B/SR210B 165 kg/210 kg 机器人	SRM160A/SRM300A 系列 160 kg/300 kg 码垛机器人
特点	采用轻量式手臂设计,机械结构紧凑,动作精确灵巧,位置精度卓越,性能稳定可靠。同时,大幅优化占用空间,短期内即可收益	采用高刚性轻量机械结构,引入安全设计理念,关键部件均采用密封构造,防护等级为 IP65,适应恶劣生产环境,在粉尘较大的室内外均可正常运行	提供最优的解决方案,以符合人机工程学理论为着眼点,通过优化机器人整体尺寸,减少回转时间,降低能耗,达到最优性能	秉承"速度与力量并重,满足高速现代物流"理念为设计核心,实现速度精准,连续不断的运送功能,构筑基于 4 轴机器人的柔性自动化系统

续表

型号	SR6C/SR10C 6 kg/10 kg 机器人	SR50A/SR80A 50 kg/80 kg 机器人	SR165B/SR210B 165 kg/210 kg 机器人	SRM160A/SRM300A 系列 160 kg/300 kg 码垛机器人
实物图				

6. 国产工业机器人介绍

国内单元产品市场基本被外资企业占据,国产品牌仍处于起步阶段。国内机器人企业主要是系统集成商,通过生产或外购机器人单体及关键零部件,按照客户需求设计方案自行设计、生产非标成套设备。在下游应用中,利润较厚的汽车工业市场仍被外资企业占据,国内企业主要在一般工业市场发展。

20 世纪末,政府投资建立了 9 个机器人产业化基地和 7 个科研基地,包括沈阳自动化研究所的新松机器人公司、哈尔滨工业大学的博实自动化设备有限公司、北京机械工业自动化研究所机器人开发中心和海尔机器人公司等。此外,奇瑞机器人、广州数控等企业在集团扶持下也取得较快发展。

2012 年国内机器人市场表现最佳者为沈阳新松机器人有限公司,销量达 1 220 台。紧随其后的依次为东莞启帆(400 台)、安徽埃夫特(200 台)、上海沃迪(200 台)、广州数控(170 台),如图 2-52 所示。

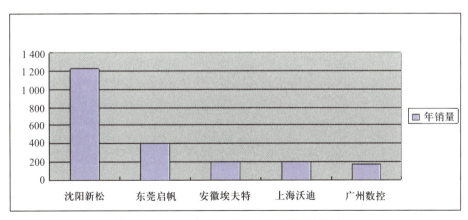

图 2-52　2012 年国产品牌机器人销量(前五名)

2012 年国产品牌机器人销量仅为 2 252 台,而独资及合资品牌销量高达 25 790 台,市场占有率分别为 8.7% 和 91.3%,如图 2-53 所示。

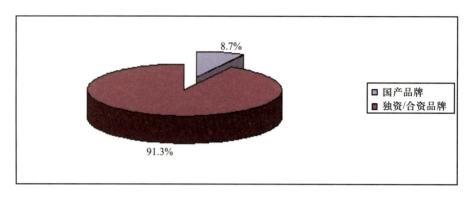

图 2-53　2012 年国产品牌与合资品牌机器人市场占有率对比

1997—2000 年国内主要工业机器人企业发展概况见表 2-11。从国内机器人市场发展现状看,由于下游客户对系统集成商的项目经验、研发水平、资金实力要求严苛,因此行业进入门槛很高。预计有两类企业能在未来行业大发展的背景下受益。一类是有很强技术研发底蕴,项目经验丰富的传统行业龙头企业,如新松机器人、博实股份等;另一类是有大集团背景支持、行业资源丰富的快速成长新星,如安徽埃夫特、中航精机等。

表 2-11　1997—2000 年国内主要工业机器人企业发展概况

单位名称	主要产品系列	研发、生产及应用情况
新松机器人	弧焊、水切割、等离子切割、浇铸、注塑,特种机器人,物流与仓储自动化生产线,AVG小车	弧焊、冲压、点焊、总装等生产线,用于汽车、航空、教育、科研等行业。机器人技术国家工程研究中心,"863"产业化基地
博实股份	自动包装码垛生产线、点弧焊机器人、管道爬壁机器人	涤纶、化肥等自动称重、包装码垛生产线,用于石油、化工、化纤等行业。"863"产业化基地
国家机械局北京机械工业自动化研究所机器人中心	PJ 系列喷涂机器人、PM 系列自动喷涂机、龙门仿形自动喷涂机、弧焊码垛搬运装配等多种机器人产品	完成喷涂、包装码垛、涂胶、装配生产线,用于汽车、陶瓷、医药、电器、铁路车辆等行业。95% 以上整机自主研发,"863"产业化基地
上海机电一体化工程有限公司	搬运、上下料、移栽等各类工业机器人、自动化立体仓库、机器人焊接单元、自动生产线及装配线	玻璃生产线用移栽机器人、弧焊工作站装配线,用于机械、汽车、电器等行业。"863"产业化基地
奇瑞汽车股份有限公司机器人研发中心	QH-165 型机器人、QH-210 型机器人、QH-370 型机器人,弧焊、点焊、搬运等多种机器人产品系列	完成点焊、弧焊机器人研发及应用,主要用于奇瑞汽车生产线,国家"863"重大项目

了解工业机器人的分类及应用,通过"三大部分六个系统"来认识工业机器人的组成和工作原理,了解 ABB 的企业和主要工业机器人产品,也认识国内外其他知名品牌,如发那科、KUKA、安川、三菱、新松等的工业机器人产品。

工程素质培养

走进企业,看看各行各业上用的工业机器人主要做哪些工作,如搬运、码垛、焊接等。这些企业都使用了哪些品牌的工业机器人?

第三篇 体验篇——让工业机器人动起来

●●●● 3.1 任务1 工业机器人硬件安装调试 ●●●●

任务目标

① 认识 IRC5 控制器与本体结构;
② 完成控制器和本体之间的连接;
③ 熟悉 ABB 机器人的安全保护。

下面介绍一台刚出厂的 ABB 机器人裸机的安装与调试步骤,如表 3-1 所示,目标是通过手动方式让机器人能动起来。

表 3-1 机器人一般安装调试步骤

步骤序号	安装调试内容
1	将机器人本体和控制器吊装到位
2	连接机器人本体和控制器之间的电缆
3	连接示教器与控制器
4	接入主电源
5	检查主电源正常后,上电开机
6	校准机器人 6 个轴机械点
7	设定 I/O 信号
8	安装工具与周边设备
9	编程调试
10	投入自动运行

▶ 3.1.1 子任务1 IRC5 控制器的安装

本子任务介绍 ABB 机器人 IRC5 控制器的基础安装和内部主要构造。下面首先介绍 IRC5 紧凑型控制器的安装步骤,此类紧凑型控制器主要在 IRB 120 机型上使用。

1. 安装 IRC5 Compact(紧凑型)控制器

若是机架安装型控制器,则不需要空间;若控制器安装在桌面上(非机架安装型),则其左右两边各需要 50 mm 的自由空间。

如图 3-1 所示,地面安装时控制器的背部需要 100 mm 的自由空间来确保适当的冷却。切勿将客户电缆放置在控制器背部的风扇盖上,这将使检查难以进行并导致冷却不充分。

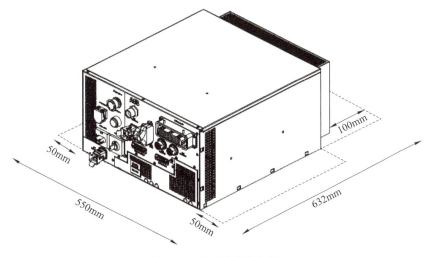

图 3-1　水平(地面)安装

最初,系统配置为安装到水平工作台上,不考虑倾斜。在垂直位置安装控制器的方法与地面安装基本相同,如图 3-2 所示。

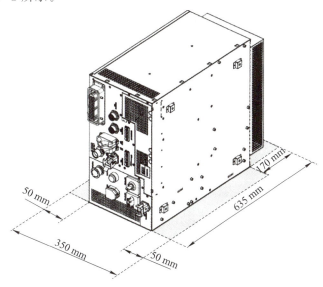

图 3-2　垂直安装

如果控制器以右侧朝上的方式安装,那么可直接将控制器放置在工作台上,还需在控制器顶部留出 50 mm 的空间,便于适当散热。如果控制器以左侧朝上的方式安装,那么必须用支撑构件将控制器抬升 50 mm,以保持通风孔与空气相通。

图 3-3 所示的是 IRC5 Compact 控制器前面板上的按钮和开关。

用于 IRB 120 的制动闸释放按钮位于盖子下。由于机器人带有一个制动闸释放按钮,因此与其他机器人配套使用的 IRC5 Compact 无制动闸释放按钮,只有一个堵塞器。

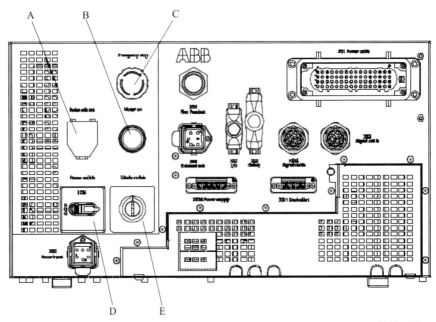

A—制动闸释放按钮；B—电动机起动按钮；C—紧急停止按钮；D—主电源开关；E—模式开关。

图3-3　IRC5 Compact 控制器前面板上的按钮和开关

2. 将操纵器连接 IRC5 Compact 控制器

将电源电缆和信号电缆连接到操纵器，如图 3-4 所示。另一端电源电缆连接到 IRC5 Compact 控制器的 XS1 连接器（E），将信号电缆连接到 IRC5 Compact 控制器的 XS2 连接器（J）。

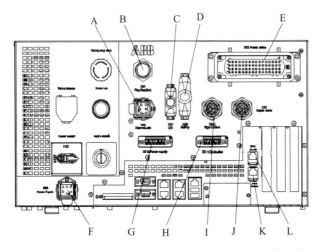

A—XS8 附件轴；B—XS4 FlexPendant 连接器；C—XS7 I/O 连接器；D—XS9 安全连接器；E—XS1 电源电缆连接器；F—XS0 电源输入连接器；G—XS10 电源连接器；H—XS11 DeviceNet 连接器；I—XS41 信号电缆连接器；J—XS2 信号电缆连接器；K—XS13 轴选择器连接器；L—XS12 附加轴。

图3-4　IRC5 Compact 控制器上的连接器

3. 将电源连接到 IRC5 Compact 控制器

将电源电缆从电源连接到控制器前面板上的连接器 XS0(F)，连接部位如图 3-4 所示。

4. 将 FlexPendant 连接到 IRC5 Compact 控制器

在控制器上找到 FlexPendant 连接器（B），插入 FlexPendant 电缆连接器，顺时针旋转连接器的锁环,将其拧紧,连接部位如图3-4所示。需要注意的是,控制器必须处于手动模式。

机器人 IRC5 M2004 控制器和示教器外观图如图3-5所示,此类控制器在本书后续讲解的 IRB 1410 机型上使用。

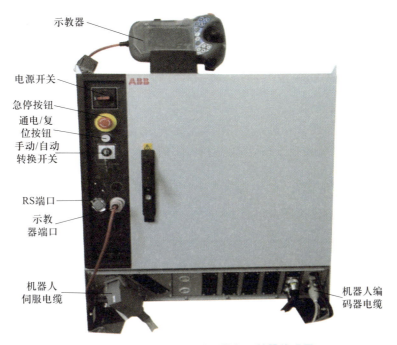

图 3-5 IRC5 M2004 控制器和示教器外观图

机器人 IRC5 M2004 控制器内部图如图3-6所示,其主要技术参数见表3-2。

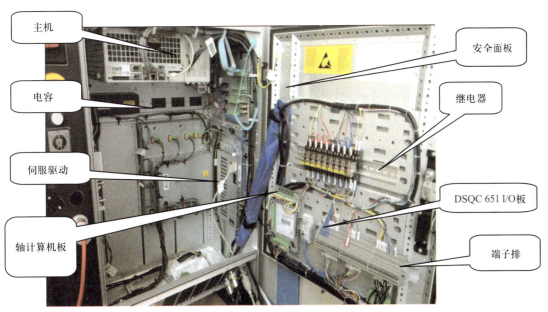

图 3-6 IRC5 M2004 控制器内部图

表 3-2 IRC5 M2004 主要技术参数

电流	3×400 V 50~60 Hz	ABB 标准 I/O 板	DSQC651 DI8/DQ8 AO2
额定电流	7 A	现场总线	DeviceNET
短路电流	6.5 kA	串口	RS232

▶ **3.1.2 子任务 2 机器人本体安装**

1. 机器人本体的基本安装

拆除机器人包装后,目测检查机器人确保其未受损,确保所用吊升装置适合于搬运指定的机器人重量。机器人安装前要先布置场地,关注机器人的工作范围、旋转半径和动作类型,再开始安装机器人。

如果机器人未固定在基座上并保持静止,那么机器人在整个工作区域中不稳定。移动手臂会使重心偏移,这可能会造成机器人翻倒。

如图 3-7 所示,装运姿态是最稳定的位置。将机器人固定到其基座之前,切勿改变其姿态,这也是推荐的运送姿态。

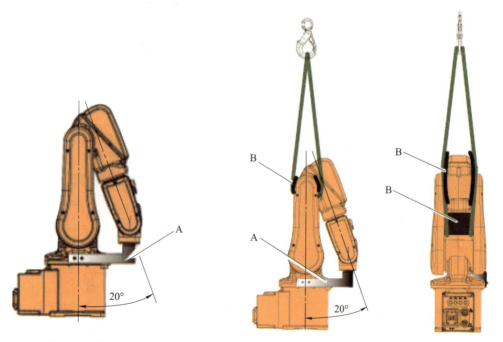

图 3-7 装运姿态   图 3-8 吊装姿态

用圆形吊带吊升机器人,在机器人表面与圆形吊带直接接触的地方垫放厚布。IRB 120 机器人的重量为 25 kg,必须使用相应尺寸的起吊附件。

如图 3-8 所示,应采用建议的吊装姿态及位置吊升机器人,否则可能会导致机器人翻倒并造成严重的损坏或伤害。在任何情况下,任何人员均不得出现在悬挂载荷的下方。用连接螺钉和垫圈安装支架,以将上臂固定到底座上。用高架起重机吊升机器人。

确定机器人的方位并将其固定到基座或底板,以便安全运送机器人。

在安装好机器人本体后要释放每个轴电机的制动闸,可通过以下 3 种方法释放制动闸。

① 当机器人连接到控制器时,使用制动闸释放装置(图 3-9 所示的 A 处,位于 IRC5 Compact 控制器的前端);

② 当机器人与控制器断开连接,但连接到连接器 R1. MP 的外部电源时,使用制动闸释放装置;

③ 直接在电机连接器上使用外部电压供应。

机器人上没有制动闸释放按钮。制动闸释放按钮位于 IRC5 Compact 控制器的前端,在制动闸释放按钮的盖子下。

2. 机器人本体的悬挂安装

最初,系统配置为安装到地面上,不考虑倾斜。在悬挂位置安装机器人的方法与地面安装基本相同,如图 3-10 所示。

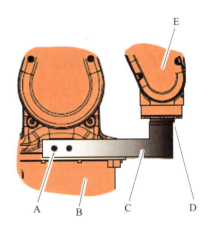

A—连接螺钉 M4×8 优质钢 8.8;B—底座;C—支架;D—连接螺钉 M5×12 优质钢 8.8-A2F;E—上臂。

图 3-9 制动闸释放装置

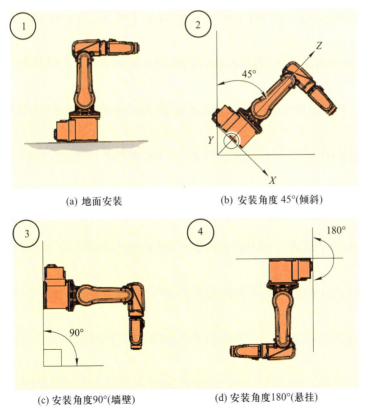

(a) 地面安装   (b) 安装角度 45°(倾斜)

(c) 安装角度90°(墙壁)   (d) 安装角度180°(悬挂)

图 3-10 安装方式示意图

如果以其他任何角度安装机器人,那么必须更新参数"Gravity Beta"。Gravity Beta 指定机器人的安装角度,以弧度表示,按照以下方法进行计算:

Gravity Beta=$A\times3.141593/180°=B$,其中 A 为以度为单位的安装角度,B 为以弧度为单位的安装角度。

在更改机器人的安装角度时,必须重新定义系统参数 Gravity Beta 的值。这个参数隶属于 Motion 主题中的 Robot 类型。

必须正确且小心谨慎地定义机器人上安装的任何载荷(关于重心位置和质量转动惯量),以避免振动运动以及电机、齿轮和结构过载。

3. 本体限制工作范围

安装机器人时,应确保其可在整个工作空间内自由移动。若有可能与其他物体碰撞的风险,则应限制其工作空间。

以机械方式限制工作范围,机械停止在机器人上止动装置的放置位置。各工作轴具有止动装置,图 3-11 所示的是轴 1 止动装置,图 3-12 所示的是轴 2 止动装置,图 3-13 所示的是轴 3 止动装置。

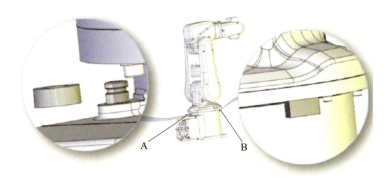

A—机械停止轴 1(底座);B—机械停止轴 1(摆动平板)。

图 3-11　轴 1 止动装置

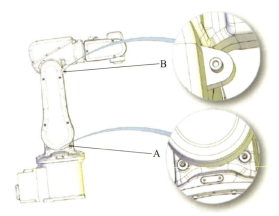

A—机械止动装置,轴 2(摆动壳);B—机械止动装置,轴 3(下臂)。

图 3-12　轴 2 止动装置

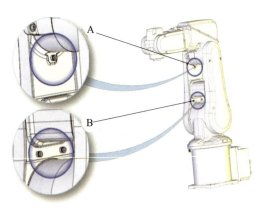

A—机械停止轴 3(下臂);B—机械停止轴 2(下臂)。

图 3-13　轴 3 止动装置

▶ 3.1.3　子任务3　机器人本体和控制器连接

1. 电气连接

在将机器人和控制器固定到底座上之后，将其彼此连接。说明书以列表的形式指定针对其各自的每项应用使用的电缆。按照标准，机器人出厂时应提供机器人电缆。这些电缆是预制造的，并且随时可以插入，主要的两根电缆的连接描述见表3-3。

表3-3　两根电缆的连接描述

电缆子类别	描　述	连接点,机柜	连接点,机器人
机器人电缆,电源	将驱动电力从控制机柜中的驱动装置传送到机器人电机	XS1	R1. MP
机器人电缆,信号	将编码器数据从电源传输到编码器接口板	XS2	R1. SMB

客户电缆集成在机器人中，连接器位于上臂壳和底座上。

图3-14所示的是客户连接底座的接口。A处(R1. CP/CS)客户电力/信号，编号10，参数等级49 V/500 mA；B处(气动)最大5 bar，编号4，内壳直径4 mm。

图3-15所示的是客户连接上臂壳的接口。A处(R3. CP/CS)客户电力/信号，编号10，参数等级49 V/500 mA；B处(气动)最大5 bar，编号4，内壳直径4 mm。

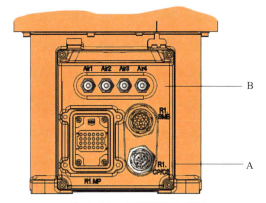

图3-14　连接底座的接口

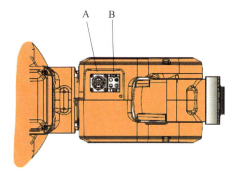

图3-15　连接上臂壳的接口

2. 清洁工作环境

Clean Room机器人专门设计用于在洁净室环境内工作，其设计目标是防止机器人排放颗粒物。例如，可以在不破坏油漆的情况下实施维护工作。Clean Room机器人喷涂了4层聚氨酯漆，最后一层是在标签上喷涂清漆，目的是简化清洁工作。所喷涂的油漆已通过挥发性有机化合物(volatile organic compounds，VOC)的挥发性测试，并取得ISO 14644-8的相应等级。Clean Room部件在更换时，必须用适用于Clean Room环境的部件更换。

IPR测试结果表明，当符合以下条件时，机器人IRB 120将适用于Clean Room环境：

① 当以 50% 的速度操作时,空气洁净度达到 ISO 14644-1 所规定的 5 级标准。

② 当以 100% 的速度操作时,空气洁净度达到 ISO 14644-1 所规定的 4 级标准。

由于 Clean Room 机器人在运输和搬运期间可能已被不同类型的颗粒污染,因此在安装之前必须对机器人进行仔细清洁。在提起机器人时不要在塑料盖上用力,这可能导致塑料盖周围的油漆损坏或开裂。

3. 安全保护机制

机器人系统可以配备各种各样的安全保护装置,如门互锁开关、安全光幕和最常用的机器人单元的门互锁卡关等。

独立控制器有 4 个安全保护机制,分别是常规模式安全保护停止(GS)、自动模式安全保护停止(AS)、上级安全保护停止(SS)和紧急停止(ES),见表 3-4。

表 3-4 安全保护机制

安全保护	保护机制
GS	在任何操作模式下都有效
AS	在自动操作模式下有效
SS	在任何操作模式下都有效
ES	在急停按钮被按下才有效

控制器右侧的安全面板负责安全保护机制,4 个绿色接线端子用于接入安全保护机制的控制信号,信号指示灯代表安全保护机制的状态。

(1)机器人紧急停止 ES 安全保护机制应用示例

连接保护示意图如图 3-16 所示。操作方法:当 3-4 之间断开后,机器人进入急停状态,1-2 的 NC 触点断开。

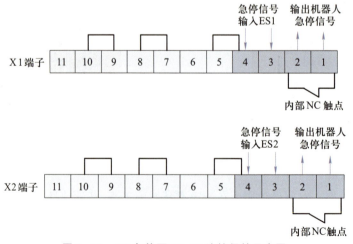

图 3-16 ES 急停下 X1、X2 连接保护示意图

① 将 X1 和 X2 端子的第 3 脚的短接片剪掉;

② ES1 和 ES2 分别单独接入 NC 无源触点;

③ 如果要输入急停信号,就必须同时使用 ES1 和 ES2。

(2) 机器人自动模式下 AS 安全保护机制应用示例

连接保护示意图如图 3-17 所示。操作方法:当 5-6、11-12 之间断开,在自动状态下的机器人进入自动模式安全保护停止状态。

① 将第 5 脚和第 11 脚的短接片剪掉;

② AS1 和 AS2 分别单独接入 NC 无源触点;

③ 如果要接入自动模式安全保护停止信号,就必须同时使用 AS1 和 AS2。

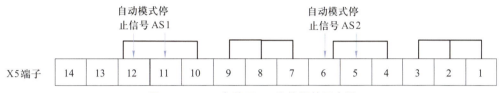

图 3-17　AS 急停下 X5 连接保护示意图

4. SMB 电池的更换

因为 ABB 机器人在关掉控制柜电源后,6 个轴的位置数据是由电池提供电能并进行保存的,所以在电池即将耗尽之前,需要对其进行更换;否则,每次主电源断电后再次通电,就要进行机器人转速计数器更新的操作。电池组的位置在底座盖的内部,位置如图 3-18 所示。

这里说的 SMB 板即是串行测量板电路,校准数据通常存储在 SMB 板上。如果更换该电池,那么会丢掉机器人的零点校准。因此,更换前最好先把机器人移动到零点位置,然后调用关闭电池的例行服务程序 Bat_shutdown,完成后再更换 SMB 电池。

更换后,查看"ABB"菜单,选择"校准"选项,选择一个机械单元"ROB_1",查看 SMB 内存显示状态。这时 SMB 状态应该显示无效,选中"ROB_1"复选框后单击"确定"按钮,如图 3-19 所示,表示需要更新。

如果是新的未使用的 SMB 板,那么存储于控制器内存中的数据将自动复制到 SMB 内存中。如果 SMB 由先前在其他系统中使用的 SMB 备件替换,那么控制器内存和 SMB 内存中的数据存在差异。此时必须先清除新 SMB 内存中的数据,再更新 SMB 内存。更新 SMB 内存的方法是单击"SMB 内存"→"高级"→"清除 SMB 内存",再单击"SMB 内存"→"更新"→选择"串行测量板已经更换,用机柜的数据更新 SMB",更新完后则完成 SMB 的更新。重新启动机器人。

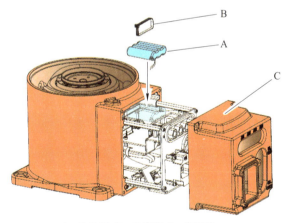

A—电池组;B—电缆带;C—底座盖。

图 3-18　电池组位置

5. 转数计数器的更新

下面完成对转数计数器的更新。因为关闭电池之前已经将机器人移动到时零点,所以可以直接更新。而且,ABB 机器人的 6 个关节轴都有一个机械原点的位置。在出现以下情况时,需要对机械原点的位置进行转数计数器更新操作。

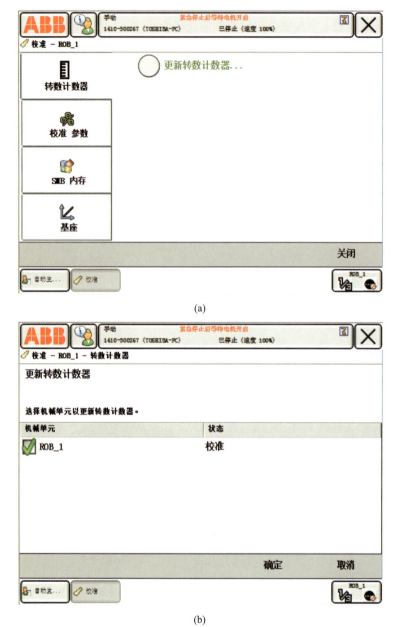

(a)

(b)

图 3-19　SMB 内存校准

① 更换伺服电机转数计数器电池后；

② 当转数计数器发生故障,恢复后；

③ 转数计数器与测量板之间断开过以后；

④ 断电后,机器人关节轴发生移动；

⑤ 当系统报警提示"10036 转数计数器未更新"时。

各个型号的机器人机械原点刻度位置会有所不同,请参考 ABB 随机光盘说明书。图 3-20

所示的是 ABB 机器人 IRB 6640 机械原点刻度位置。

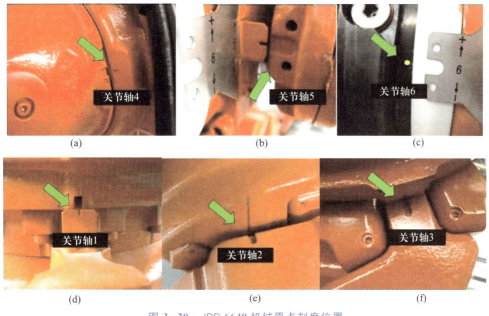

| (a) | (b) | (c) |
| (d) | (e) | (f) |

图 3-20　IRB 6640 机械原点刻度位置

6. 机器人的开机、关机和重新启动功能

（1）开机

在确定输入电压正常后，闭合电源开关。如图 3-21 所示，把电源开关打到垂直方向，然后等待示教器等启动完成再操作。

（2）关机和重新启动

确保机器人防护停止和机器人工作停止，在示教器中"重新启动"菜单中选择关机或重新启动，再断开电源开关。需要注意的是，关机后再次启动电源需 2 分钟后。

ABB 机器人系统可以长时间无人操作，无须定期重新启动运行系统。只有在安装了新的硬件、更改了机器人系统配置参数、出现系统故障（SYSFAIL）或者 RAPID 程序出现程序故障时才需要重新启动机器人系统。表 3-5 是常用的重新启动功能的操作。

单击"ABB"按钮进入主菜单界面，单击页面下方的"重新启动"按钮，弹出"重新启动"界面。单击"高级"链接，进入常见的 5 个重启类型选择界面，如图 3-22 所示。重启类型选择界面有"热启动""关机""B-启动""I-启动"和"P-启动"等选项，选择所需的重启类型后单击"确定"按钮，等待重新启动的完成即可。

(a)　　　　(b)

图 3-21　电源开关开启

表 3-5　常用的重新启动功能的操作

重启动类型	说　明
热启动	使用当前的设置重新启动当前系统
关机	关闭主机
B-启动	重启并尝试回到上一次的无错状态,一般出现系统故障时使用
P-启动	重启并将用户加载的 RAPID 程序全部删除
I-启动	重启并将机器人系统恢复到出厂状态

(a)

(b)

图 3-22　重新启动类型选择界面

3.2 任务 2 手动控制工业机器人

任务目标

① 搭建最简单工业机器人系统；
② 利用示教器操作工业机器人。

项目背景：工业机器人激光切割。

项目中心控制单元连接有多自由度机械手和激光发生器，两个单元协同工作，实现了激光切割机器人对实际生产环境及被加工产品进行平面切割，如图 3-23 所示。

3.2.1 子任务 1 搭建简单的工业机器人系统

本子任务介绍如何搭建一台 IRB 120 紧凑型工业机器人的最小系统，如图 3-24 所示，它包含了一个简单工装和工件。

图 3-23 激光切割机器人

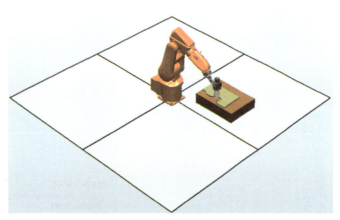
图 3-24 搭建最小系统示意图

（1）在桌面双击 图标，打开 RobotStudio 软件，如图 3-25 所示。

（2）选择创建空工作站。

在"新建"菜单项中选择"空工作站"选项，单击右侧的"创建"图标创建空工作站，进入如图 3-26 所示的界面。

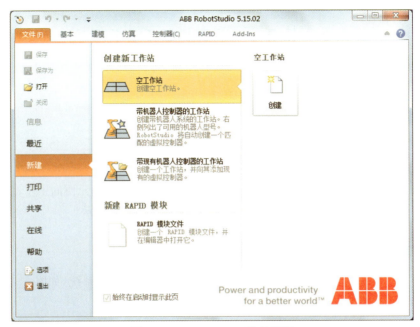

图 3-25 RobotStudio 软件界面

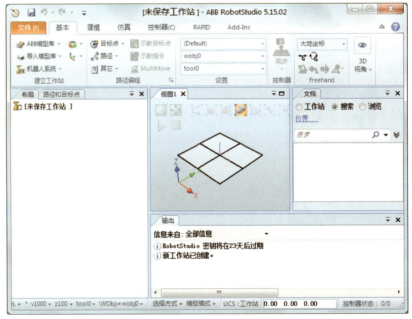

图 3-26 空工作站界面

（3）将 ABB 工业机器人导入到工作站。

单击"基本"菜单栏中的"ABB 模型库"图标，进入"ABB 模型库"界面，如图 3-27 所示。在界面中选中"IRB 120"工业机器人的图标，在工作站中出现了 ABB IRB 120 机器人模型，如图 3-28 所示。

图 3-27　ABB 模型库界面

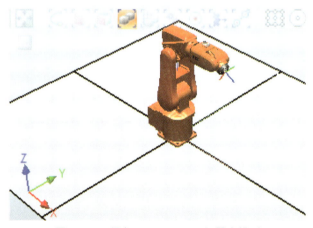

图 3-28　添加 ABB IRB 120 机器人模型

（4）为工业机器人添加工装和工件。

采用与导入工业机器人相同的方法，为系统添加工装和工件，如图 3-29 所示。单击"基本"菜单栏，依次选择"导入模型库"→"设备"→"Training Objects"中的"myTool"和"Curve Thing"。

（5）将 MyTool 安装到机器人上。

添加完成后在工具栏左侧的"布局"中生成工作站及工具，如图 3-30 所示。右键单击"MyTool"下拉菜单中"安装到"选项，把工具安装到指定的工作站机器人上，如图 3-31 所示。弹出是否更新对象的位置 MyTool，单击"是"按钮完成安装。

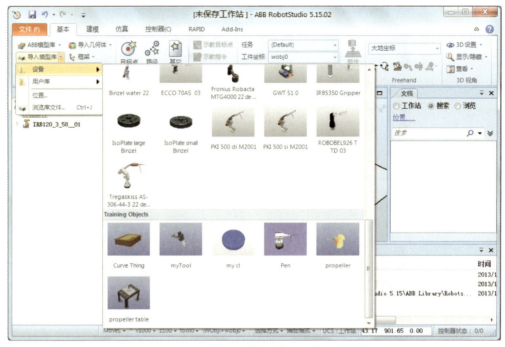

图 3‑29　添加工装和工件

图 3‑30　布局界面

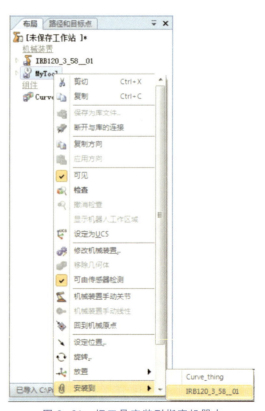

图 3‑31　把工具安装到指定机器人

（6）设置 Curve Thing 的位置。

右键单击"Curve_thing"，选择设定位置，如图 3-32 所示。在弹出的对话框中设置其合适位置。至此一个最简单的工业机器人系统建立完成，如图 3-33 所示。

微视频：创建工作站

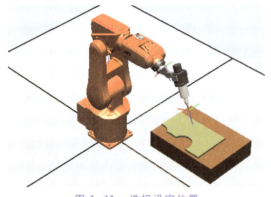

图 3-32 选择设定位置

图 3-33 构建系统完成

（7）创建控制系统部分。

进入工具栏"机器人系统"，选择"从布局"创建控制系统，如图 3-34 所示。进入"从布局创建系统"界面，可以修改系统名称、保存位置、RobotWare 版本等，如图 3-35 所示。

图 3-34 从布局创建系统

图 3-35 进入"从布局创建系统"

单击"下一个"按钮，选择已建工作站的机器人机械装置作为系统的一部分，如图 3-36 所示。再单击"下一个"按钮显示系统选项，如图 3-37 所示。

单击"选项"按钮，进入修改选项界面。选择"Second language"，如图 3-38 所示；选择"Hardware"中的"709-1 Master/Slave Single"，如图 3-39 所示；选择"840-2 Profibus Fieldbus Adapter"，如图 3-40 所示。

图 3-36　选择机械装置

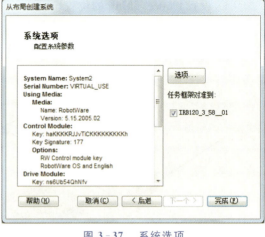

图 3-37　系统选项

图 3-38　修改语言选项

图 3-39　修改硬件选项

最后单击"确定"按钮,完成控制系统设置。

在没有授权激活软件时,上述操作无法"从布局"进行控制系统的创建。可以在刚进入 RobotStudio 后,单击"在线"选项创建并制作机器人系统,单击"系统生成器"选项,如图 3-41 所示。进入后单击在已生成目录中有的机器人系统,也可以新建。在右侧单击"创建新系统"按钮,如图 3-42 所示。

进入新控制器系统向导,如图 3-43 所示。单击"下一步"按钮,输入系统名称和路径,如图 3-44 所示。使用真实的密钥或虚拟密钥可以生成系统,真实密钥生成的系统可以下载到控制器使用,虚拟密钥生成的系统只能在计算机中的虚拟控制中使用。

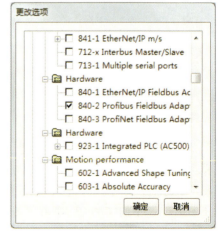

图 3-40　修改总线选项

图 3-41　在线系统生成

图 3-42　在线创建新系统

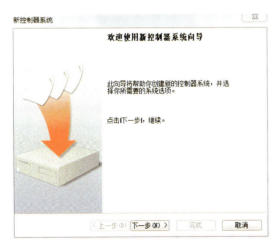

图 3-43　进入系统向导

图 3-44　系统名称和路径

单击"下一步"按钮,进入"输入控制器密钥"界面。选中"虚拟密钥"复选框,系统自动生成了"控制器密钥 K"。也可以再次修改 RobotWare 版本,如图 3-45 所示。在这里,如果有 ABB 公司的正式授权码,那么可以不用虚拟密钥,直接在"控制器密钥 K"中输入授权码即可。

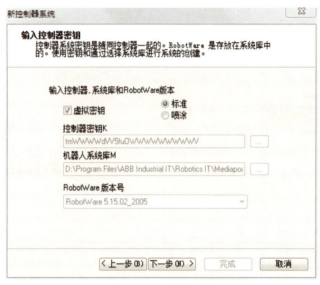

图 3-45   虚拟密钥

"控制器系统密钥"是随控制器一起的,"RobotWare 版本号"存放在系统库中,使用密钥和通过选择系统库完成系统的创建。

单击"下一步"按钮,添加驱动器密钥,如图 3-46 所示。每个驱动器密钥对应一个驱动模块,驱动模块通过第 1 个网络端口连接到控制模块的名字为"Drive #1"。

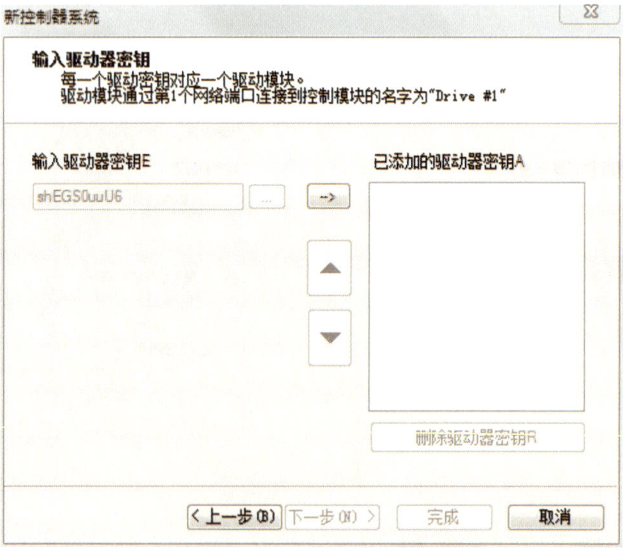

图 3-46   添加驱动器密钥

同样可以对选项进行修改。RobotWare 的密钥和附加密钥决定了可以使用的选项功能。选中"644 - 5 Chinese"选项,选中"709 - 1 Master/Slave Single"选项,选中"840 - 2 Profibus Fieldbus Adapter"选项,此处操作同上。

单击"完成"按钮,机器人系统生成器已建立完成。可以看到,图 3 - 47 所示的界面左侧显示系统名称,当中显示系统属性,可以修改和复制这些系统属性。完成机器人系统的构建后,下面开始新建一个工作站。

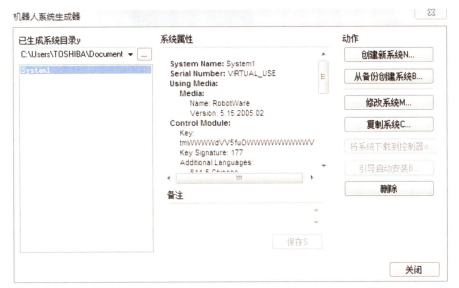

微视频:创建
工作站系统

图 3 - 47　完成系统生成

本小节介绍如何通过示教器手动操作机器人到指定点,完成一段线条的运动轨迹,如图 3 - 48 所示。

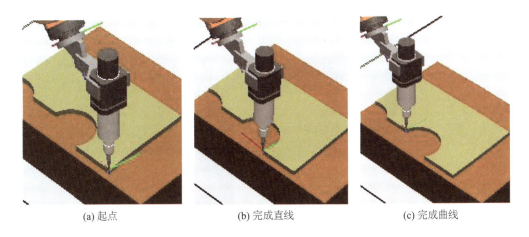

(a) 起点　　　　　　　　　　(b) 完成直线　　　　　　　　　　(c) 完成曲线

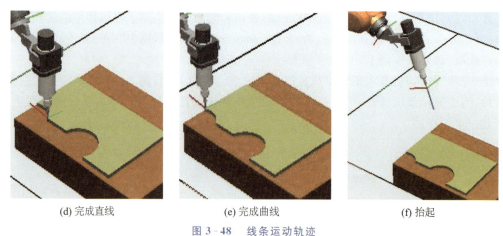

(d) 完成直线   (e) 完成曲线   (f) 抬起

图 3-48   线条运动轨迹

下面介绍手动操作的示教器操作。示教器是进行机器人的手动操作、程序编写、参数配置以及监控用的手持装置,也是最经常使用的控制装置。示教器部件功能如图 3-49 所示。

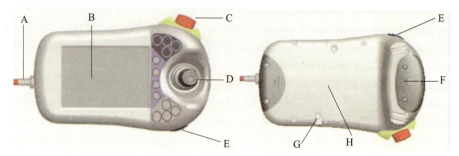

A—连接电缆;B—触摸屏;C—急停开关;D—手动操作摇杆;E—USB 接口;
F—使能器按钮;G—示教器复位按钮;H—触摸屏用笔。

图 3-49   示教器部件功能

正确手持示教器如图 3-50 所示。

图 3-50   正确手持示教器

1．示教器操作

下面使用 RobotStudio 软件中虚拟示教器，以设定示教器的语言为例说明示教器的最简单操作。

（1）打开虚拟示教器。在 RobotStudio 软件工具栏中单击"示教器"按钮后弹出下拉菜单，选择"虚拟示教器"选项，如图 3-51 所示；打开示教器界面，如图 3-52 所示。

图 3-51　打开虚拟示教器　　　　图 3-52　虚拟示教器界面

（2）单击界面左上角的"ABB"图标，进入主菜单界面，如图 3-53 所示。单击"Control Panel"（控制面板）选项，弹出控制面板界面，如图 3-54 所示。单击"Language"选项，弹出如图 3-55 所示的对话框。这说明机器人控制器处于自动模式"Auto"，需要切回手动模式。

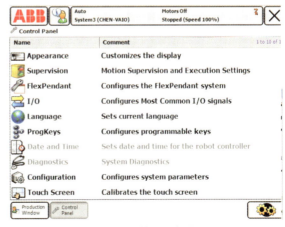

图 3-53　主菜单界面　　　　图 3-54　控制面板界面

（3）切换工作方式。单击使能器按钮左侧的"方式按钮"，如图 3-56 所示。在弹出的界面上选择手动模式，在 ABB 左上侧状态栏中也可以观察示教器处于"Auto"自动状态还是"Manual"手动状态，如图 3-57 所示。

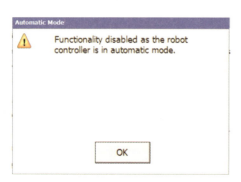

图 3-55　进入语言界面

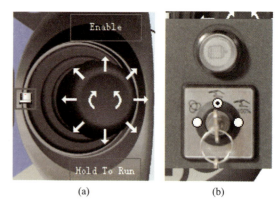

(a)　　　　　(b)

图 3-56　工作方式按钮

图 3-57　模式显示

转变成手动模式后,再次重新单击"Language"菜单,从如图 3-58 所示的界面中选择"Chinese"选项。单击"OK"按钮后,重新启动示教器,系统的语言变为中文。

2. 示教器手动操作

机器人操作有单轴、直线和重定位等 3 种方式。下面以单轴操作方式将工具移动至 p0 点。操作前要先确保示教器处在手动状态下,然后再进行单轴运动的手动操作,下面演示操作步骤。

(1)从主界面进入后,单击"手动操纵"选项,进入如图 3-59 所示的界面。

图 3-58　语言选择界面

图 3-59　手动操纵界面

(2)通过单轴控制,将机器人移动到 p0 点。图 3-59 中的操纵杆方向控制分别为 1 轴、2 轴和 3 轴,通过操纵杆将机器人移动到 p0 点,如图 3-60 所示。

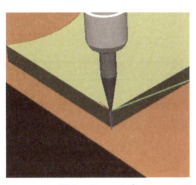

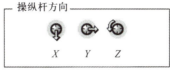

图 3-60　p0 点　　　　图 3-61　p0 点　　　　图 3-62　p1 点

（3）p0 点和 p1 点的 Z 坐标相同。从 p0 点移动到 p1 点，如果采用单轴控制方式比较复杂，那么可以采用沿 X 轴、Y 轴和 Z 轴的直线移动的方式，这样要方便得多。

单击 图标，切换为直线方式，示教器操纵杆方向设定如图 3-61 所示。通过操作操纵杆将机器人移至 p1 点，如图 3-62 所示。

（4）采用相同的方法将机器人移动至 p2 点、p3 点和 p4 点，如图 3-63 所示。

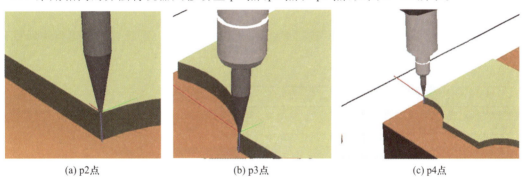

(a) p2点　　　　　　　(b) p3点　　　　　　　(c) p4点

图 3-63　p2 点、p3 点、p4 点手动操作

3.3　任务3　自动控制工业机器人

互动练习：手
动控制工业机
器人

任务目标

① 编程实现工业机器人的自动动作；

② 学会 RAPID 简单程序编写调试。

要使工业机器人动起来，就必须给机器人一系列的指令，让它按照指令来进行运动。ABB 工业机器人通过编写 RAPID 程序来实现对机器人的控制。使用 RAPID 指令，不仅可以移动机器人、设置输出、读取输入，还能实现决策、重复其他指令、构造程序、与系统操作员交流等功能。

下面以上一节所述的机器人为例，要求编写 RAPID 程序，使机器人从初始位置 p0 点，移动到 p1 点，再顺次移动到 p2 点、p3 点和 p4 点。建立 RAPID 的过程如下。

① 单击"ABB"图标进入主菜单界面,然后单击"程序编辑器",打开程序编辑器,如图3-64所示。如果不存在程序,那么提示是否需要新建程序或加载现有程序。此时可以单击"取消"按钮,进入模块列表界面,如图3-65所示。

图3-64　程序编辑器界面　　　　　　　　　图3-65　模块列表界面

② 在模块列表界面中,单击"文件",选择"新建模块",弹出新建模块对话框,如图3-66所示。

③ 在新建模块对话框中单击"是"按钮继续,如图3-67所示。系统提示新建模块后将丢失程序指针。

图3-66　新建模块　　　　　　　　　　　图3-67　继续添加程序

④ 建立一个"Module1"的程序模块,单击"确定"按钮,如图3-68所示。

⑤ 选中"Module1"程序模块并单击,回模块列表。此时,模块列表中已经添加了"Module1"程序模块条目,如图3-69所示。

⑥ 在模块列表中选择"Module1"程序模块条目,双击进入例行程序的创建,如图3-70所示。

图 3-68　选中程序模块

图 3-69　成功创建"Module1"程序模块

⑦ 从"文件"中"新建例行程序",如图 3-71 所示。建立一个主程序,将其名称设定为"main",然后单击"确定"按钮,如图 3-72 所示。

图 3-70　例行程序界面

图 3-71　新建例行程序

⑧ 如图 3-73 所示,在程序列表界面中单击"main( )"条目,进入程序编辑界面,如图 3-74所示。

⑨ 在"main( )"程序中,选中<SMT>。<SMT>是指令插入的位置。通过添加指令来编写程序,指令 Common 在屏幕右侧。例如,单击"MoveJ"按钮,系统在程序中自动添加了该指令,如图 3-75 所示。

⑩ 双击"*",进入指令参数修改界面,如图3-76 所示。单击"新建"选项,在如图 3-77 所示的新数据声明界面中,新建一个 phome 的参数,可以修改存储类型、任务名称、模块和所属例行

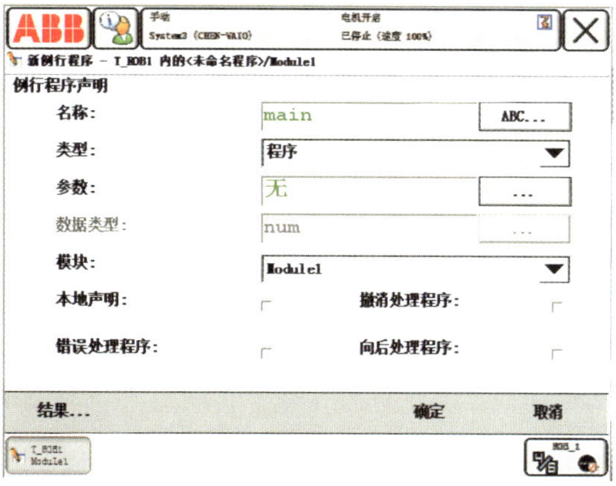

图 3-72　例行程序设置界面

程序。单击"确定"按钮后,可以看到原来位置的"＊"变为了 phome,如图 3-78 所示。

图 3-73　程序列表界面

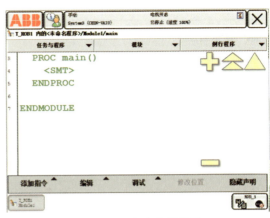

图 3-74　程序编辑界面

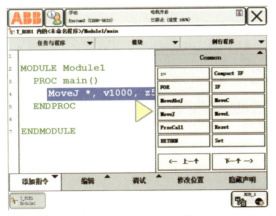

图 3-75　插入 MoveJ 指令

图 3-76　指令参数修改界面

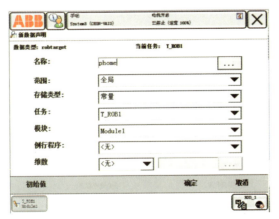

图 3-77　新数据声明界面

图 3-78　新数据修改界面

⑪ 单击"确定"按钮,返回主程序编辑界面,如图 3-79 所示。单击"修改位置",将机器人的当前位置数据记录下来,单击"修改"按钮进行确认,如图 3-80 所示。当然,该位置可在以后进行修改。

图 3-79　返回主程序编辑界面

图 3-80　修改确认界面

⑫ 回到主程序编辑界面后,再次通过添加指令添加一条 MoveJ 指令,以控制机器人移动到 p0 点,位置点默认为 phome10,如图 3-81 所示。

将 phome10 修改为 p0。选中 phome10 并单击,进入新数据声明界面,通过新建,建立 p0 位置点,如图 3-82 所示。

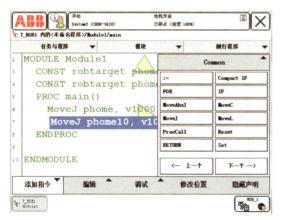

图 3-81　主程序编辑界面

图 3-82　新建 P0 数据界面

⑬ 返回主程序编辑界面后,可以看到第二个指令已经完成。此时将机器人移动至 p0 点,然后通过单击"修改位置",如图 3-83 所示,记录下 p0 的位置。继续添加移动到 p1 点的指令,方法同添加 p0 点,如图 3-84 所示。

沿圆弧移动到 p2 点,此处采用了 MoveC 指令。继续移动到 p3 点、p4 点的方法同上,添加 MoveL 和 MoveC 指令完成直线、圆弧的移动,最后回到原位等待,如图 3-85 所示。

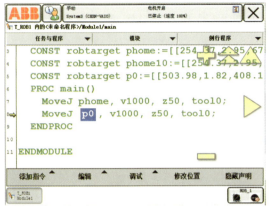

图 3-83　添加 p0 点指令

图 3-84　添加 p1 点指令

图 3-85　添加移动到 p2 点、p3 点和 p4 点的指令

3.4　任务 4　用外部信号控制工业机器人

任务目标

微视频：I/O
信号配置

① 认识常用 ABB 标准 I/O 板；

② 利用外部信号实现机器人的动作。

ABB 机器人提供了丰富的外部 I/O 通信接口，如表 3-6 所示。利用这些接口可以轻松地实现机器人与周边设备的通信连接。

ABB 的标准 I/O 板提供的常用信号处理有数字输入 di、数字输出 do、模拟输入 ai、模拟输出 ao 和输送链跟踪。ABB 机器人可以选配标准 ABB 的 PLC，省去了原来与外部 PLC 进行通信设置的麻烦，并且在机器人的示教器上就能实现与 PLC 的相关操作。ABB 机器人上最常用的是 ABB 标准 I/O 板 DSQC651 和 Profibus-DP。

表3-6　外部I/O通信接口

PC	现场总线	ABB 标准
RS232 通信 OPC Server Socker Message	Device Net Profibus Profibus - DP Profinet Ethernet IP	标准 I/O 板 PLC

1. 常用 ABB 标准 I/O 板

表3-7 所列的是常用的 ABB 标准 I/O 板。ABB 标准 I/O 板 DSQC651 是最为常用的模块，可以创建数字输入信号 di、数字输出信号 do、组输入信号 gi、组输出信号 go 和模拟输出信号 ao。DSQC651 板主要提供 8 个数字输入信号、8 个数字输出信号和 2 个模拟输出信号的处理，如图 3-86 所示。X1、X3、X5、X6 端子说明分别见表 3-8～表 3-11。

表3-7　ABB 标准 I/O 板

型　号	说　明	型　号	说　明
DSQC651	分布式 I/O 模块 di8/do8 ao2	DSQC355A	分布式 I/O 模块 ai4/ao4
DSQC652	分布式 I/O 模块 di16/do16	DSQC377A	输送链跟踪单元
DSQC653	分布式 I/O 模块 di8/do8 带继电器		

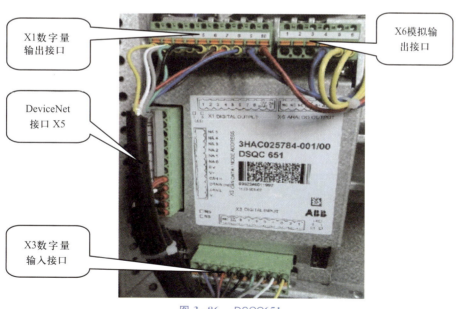

图 3-86　DSQC651

表 3 - 8　X1 端子说明

X1 端子编号	使用定义	地址分配	X1 端子编号	使用定义	地址分配
1	OUTPUT CH1	32	6	OUTPUT CH6	37
2	OUTPUT CH2	33	7	OUTPUT CH7	38
3	OUTPUT CH3	34	8	OUTPUT CH8	39
4	OUTPUT CH4	35	9	0 V	
5	OUTPUT CH5	36	10	24 V	

表 3 - 9　X3 端子说明

X3 端子编号	使用定义	地址分配	X3 端子编号	使用定义	地址分配
1	INPUT CH1	0	6	INPUT CH6	5
2	INPUT CH2	1	7	INPUT CH7	6
3	INPUT CH3	2	8	INPUT CH8	7
4	INPUT CH4	3	9	0 V	
5	INPUT CH5	4	10	24 V	

表 3 - 10　X5 端子说明

X5 端子编号	使用定义	X5 端子编号	使用定义
1	0V BLACK(黑色)	7	模块 ID bit0(LSB)
2	CAN 信号线 low BLUE(蓝色)	8	模块 ID bit1(LSB)
3	屏蔽线	9	模块 ID bit2(LSB)
4	CAN 信号线 high WHITE(白色)	10	模块 ID bit3(LSB)
5	24 V RED(红色)	11	模块 ID bit4(LSB)
6	GND 地址选择公共端	12	模块 ID bit5(LSB)

表 3 - 11　X6 端子说明

X6 端子编号	使用定义	地址分配	X6 端子编号	使用定义	地址分配
1	未使用		4	0 V	
2	未使用		5	模拟输出 ao1	0~15
3	未使用		6	模拟输出 ao2	16~31

2. 外部 I/O 信号控制机器人

给机器人一个外部启动信号,按下启动按钮,机器人开始运行。

(1) 配置 I/O 板

ABB 标准 I/O 板都是下挂在 DeviceNet 现场总线下的设备,通过 X5 端口与 DeviceNet 现场总线进行通信。

选择 DSQC651 板进行通信。单击"ABB"按钮进入主菜单,再单击进入"控制面板",如图 3-87 所示。单击"配置"选项添加 I/O,选择"Unit"类型,如图 3-88 所示。单击进入,可以编辑、新增或删除变量。

图 3-87　控制面板界面

图 3-88　配置界面

在如图 3-89 所示的 Unit 变量界面中,双击需要修改的参数,进入如图 3-90 所示的界面,在该界面中可以进行 I/O 板的配置。

图 3-89　Unit 变量界面

图 3-90　设置参数界面

按照表 3-12 所示逐一设置参数,完成的参数修改界面如图 3-91 所示。

表 3-12　参数列表

参数	设置值	说明	参数	设置值	说明
Name	board10	I/O 板名称	Connected to Bus	DeviceNet1	连接总线类型
Type of Unit	d651	I/O 板类型	DeviceNet Address	10	设置地址

在热启动控制器之前,I/O 变量的更改不会生效。要使 I/O 变量的更改生效,需要重新启动控制器。

(a)   (b)

图 3-91　参数修改界面

（2）配置 I/O 信号

单击"配置"选项添加 I/O，选择"Signal"类型，如图 3-92 所示。单击进入，可以编辑、新增或删除变量，如图 3-93 所示。

图 3-92　"Signal"类型   图 3-93　编辑、新增或删除变量

双击图 3-93 中所示某一个参数，按照表 3-13 所示对 di1 变量设定参数，如图 3-94 所示。单击"确定"按钮，选择重新启动才生效。

表 3-13　di1 变量参数

参数	设置值	说明
Name	di1	信号名称
Type of Signal	Digital Input	信号类型
Assigned to Unit	board10	信号所在 I/O 模块
Unit Mapping	0	信号所占用地址

图 3-94　di1 变量设定参数

在本篇任务 3 的程序中增加一个信号 di1，作为启动信号。编辑插入"WaitDI"指令如图 3-95 所示。"WaitDI"指令代表等待一个数字输入信号的指定状态，"1"时为有效即启动，如图 3-96 所示。

图 3-95　编辑插入"WaitDI"指令

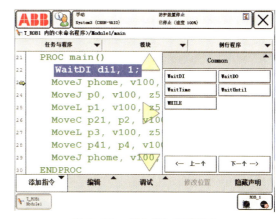

图 3-96　插入"WaitDI"完成

插入指令编程完成后，进行信号模拟。进入工具栏"仿真"中，如图 3-97 所示。单击打开"I/O 仿真器"，如图 3-98 所示。添加数字输入信号 di1，单击 ⓞ，即可模拟改变信号，作为启动信号开始运行程序。

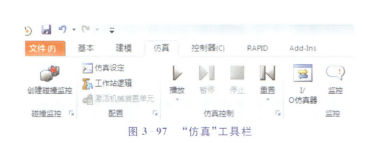

图 3-97　"仿真"工具栏

图 3-98　I/O 仿真器

3. ABB 机器人的其他通信功能

（1）Profibus 适配器的连接

除了通过 ABB 机器人提供的标准 I/O 板与外围设备进行通信以外，ABB 机器人还可以使用 DSQC667 模块通过 Profibus 与 PLC 进行快捷和大数据量的通信。DSQC667 模块安装在电柜中的主机上，最多支持 512 个数字输入和 512 个数字输出，参数名称及说明见表 3-14。

表 3-14　DSQC667 模块参数名称及说明

参数	设置值	说明	参数	设置值	说明
Name	Profibus8	信号名称	Connected to Bus	Profibus1	I/O 板连接的总线
Type of Unit	DP_Slave	信号类型	Profibus Address	8	总线地址

下面介绍进行相关设定操作的方法。单击"ABB"图标进入主界面,进入"控制面板"→"配置",如图 3-99 所示。双击"Bus",确认系统中已有"Profibus1"。然后单击"后退"按钮,再双击"Unit",进行"添加",如图 3-100 所示。双击"Name",输入"Profibus8",然后单击"确定"按钮。双击"Type of Unit",选中"DP_Slave",然后单击"确定"按钮。双击"Connected to Bus",选中"Profibus1",然后单击"确定"按钮。双击"Profibus Address",将其值设定为"8",然后单击"确定"按钮。

图 3-99　配置总线界面　　　　　　　　图 3-100　添加总线参数设置

回到"配置"界面,双击"Unit Type",选中"DP_Slave",然后单击"编辑",将"Input Size"和"Output Size"设定为 64。这样数字输入信号为 512 个,数字输出信号为 512 个。需重新热启动才能生效。

在完成机器人上的 Profibus 适配器模块的设定以后,还需要完成 PLC 端的相关操作,可在 PLC 组态软件设置中定义。

(2)PC 连接到网络服务端口

如图 3-101 所示,网络服务端口只能用于直接连接 PC。不要将其连接到局域网(local area network,LAN),因为 DHCP 服务器会对连接至 LAN 的所有单元自动分配 IP 地址。

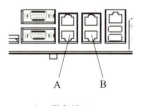

A—服务端口;
B—局域网端口。

图 3-101　网络端口

使用 robapi 连接的网络客户端的最大数目为 LAN(3 个)、Service(1 个)、FlexPendant(1 个)。使用 robapi 连接到一个控制器的相同 PC 上运行的应用程序的最大总数没有固定的最大限度,但是 UAS 将登录的用户数限制到 50。并行连接的 FTP 用户端的最大总数为 4。

计算机单元上的两个主要端口是服务端口和局域网端口,应确保局域网(工厂网络)未连接到任何服务端口。

将 PC 连接至 IRC5 Compact 服务端口的步骤如下:

① 确保要连接的计算机上的网络设置正确无误。根据运行的操作系统,参阅计算机的相应系统文档。计算机必须设置为"自动获取 IP 地址"或者按照引导应用程序中 Service PC Information 的说明设置。

② 使用带 RJ45 连接器的 5 类以太网跨接引导电缆。

③ 将引导电缆连接至计算机的网络端口。

④ 卸除翼形螺钉,然后打开控制器前面板上的端盖。

⑤ 将引导电缆连接至控制器上的服务端口。

(3) 连接到串行通道

控制器具有一个可永久使用的串行通道 RS232,如图 3-102 所示。它可以用于与打印机、终端、计算机或其他设备进行点对点的通信。为提供服务而临时连接串行端口,需要打开前面板上的保护盖。为进行生产而永久连接串行端口,需要切断保护盖上的活动盖,并在关闭保护盖的情况下通过小孔连接 RS232 连接器。RS232 通道可转换为带可选适配器(选件 714-1)的 RS422 全双工,如图 3-103 所示。RS422 可实现比 RS232 更可靠的较长距离(RS232＝15 m,RS422＝120 m)的点到点通信(差分)。

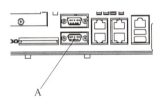

图 3-102　RS232 串行接口

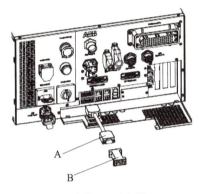

A—电缆;B—适配器。

图 3-103　RS232 通道的连接

知识、技能归纳

ABB 工业机器人新机器出厂后的搬运、安装、调试和使用,可以使用示教器进行手动控制,也可以编写 RAPID 程序自动控制,或者用外部信号来控制机器人。即让机器人动起来的方法有多种。

工程素质培养

体验了让 ABB 工业机器人动起来。如果用到其他品牌的工业机器人,那么也可以先用软件仿真运行一下,先学会示教器让机器人做一些简单的动作。不要把工业机器人想得太神秘,动动手,试一试吧!

微视频:用外部信号控制工业机器人

第四篇 基础篇——工业机器人基本训练

在第3篇中,完成了 ABB 机器人的本体、控制器的安装和电气连接,并用几种方式对机器人进行手动操作。本篇继续用虚拟示教器进行编程与调试,完成各种运动任务,如直线运动、圆弧运动等。

4.1 任务1 认识 RobotStudio 软件

任务目标

① 掌握 RobotStudio 软件的基本安装与使用方法;

② 掌握机器人工作站的构建;

③ 掌握 RAPID 程序基本知识;

④ 掌握系统参数的配置。

4.1.1 子任务1 RobotStudio 软件的安装与编程

1. RobotStudio 软件的安装与基本操作

RobotStudio 软件是 ABB 公司开发的工业机器人离线编程软件。RobotStudio 软件代表了目前最新的工业机器人离线编程的水平,它以操作简单、界面友好和功能强大而得到广大机器人工程师的一致好评。

如图 4-1 所示,安装 RobotStudio5.15 版软件时,需要先把 RobotWare 安装到用户的 PC上。RobotWare 是功能强大的控制器套装软件,用于控制机器人和外围设备。TrueMove TM的路径精度和 QuickMove TM 的简短周期时间都是该软件的性能要素。

安装好 RobotWare 后,再安装 RobotStudio。使用 RobotStudio,用户可以安装、配置及编程控制 ABB 机器人。RobotStudio 可以使用虚拟机器人脱机与在线(连接到真实机器人)两种方式进行工作。

RobotStudio 用于 ABB 机器人单元的建模、离线创建和仿真。安装完毕后,需要授权许可证激活,如图 4-2 所示。如果没有 ABB 公司授权,那么安装后 RobotStudio 只能使用 30 天。30 天后软件中部分功能将被限制使用,如无法进行建模等。RobotStudio 允许用户使用离线控制器,即在用户的 PC 上运行的虚拟 IRC5 控制器。这种离线控制器也称为虚拟控制器(virtual controller, VC)。

RobotStudio 还允许用户使用真实的物理 IRC5 控制器(简称真实控制器)。当 RobotStudio 随真实控制器一起使用时,称 RobotStudio 处于在线模式。当在未连接到真实控制器或在连接到虚拟控制器的情况下使用时,称 RobotStudio 处于离线模式。

(a)

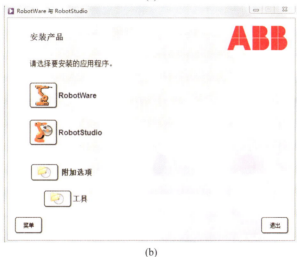

(b)

图 4-1　RobotWare 和 RobotStudio 安装界面

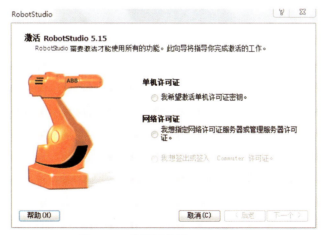

图 4-2　许可证激活 RobotStudio

RobotStudio 支持的鼠标基本操作见表 4-1,它支持的快捷键基本操作见表 4-2。

表 4-1　鼠标基本操作

目的	使用键盘/鼠标组合	说　明
选择项目		只需单击要选择的项目即可
旋转工作站	Ctrl+Shift+	按 Ctrl+Shift 及鼠标左键的同时,拖动鼠标对工作站进行旋转
平移工作站	Ctrl+	按 Ctrl 键和鼠标左键的同时,拖动鼠标对工作站进行平移
缩放工作站	Ctrl+	按 Ctrl 键和鼠标右键的同时,将鼠标拖至左侧(右侧)可以缩小(放大)
使用窗口缩放	Shift+	按 Shift 键及鼠标右键的同时,将鼠标拖过要放大的区域
使用窗口选择	Shift+	按 Shift 及鼠标左键的同时,将鼠标拖过该区域,以便选择与当前选择层级匹配的所有项目

表 4-2　快捷键基本操作

操作	快捷键	操作	快捷键
打开帮助文档	F1	添加工作站系统	F4
打开虚拟示教器	Ctrl+F5	打开工作站	Ctrl+O
激活菜单栏	F10	保存工作站	Ctrl+S
屏幕截图	Ctrl+B	创建工作站	Ctrl+N
示教运动指令	Ctrl+Shift+R	导入模型库	Ctrl+J
示教目标点	Ctrl+R	导入几何体	Ctrl+G

2. 软件编程流程

在为机器人创建程序之前,应该首先创建机器人工作站,机器人工作站包括机器人、工件和固定装置等设备。然后,从头至尾完成整个操作,即使在大多数情况下可以使用其他操作顺序,也建议完成整个工作流程。使用同步命令,可以保存和加载包含 RAPID 模块的文本文件,还可以从工作站创建 RAPID 程序。机器人编程执行特定任务的工作流程如下:

(1)创建目标点

在"创建目标点"对话框中输入目标点的位置或在图形窗口中单击手动新建目标点,目标将创建在当前使用的工作对象内。创建目标点的步骤如下:

① 在布局浏览器中,选择想创建目标点的工件坐标。

② 单击"创建目标点"打开对话框。

③ 选择想移动目标点所需的参考坐标系。

④ 在点列表中,首先单击添加新建,然后在图形窗口中单击设置目标点的位置;也可以先在位置框中输入值,然后单击添加。

⑤ 输入目标点的方向值。在图形窗口所选目标点处将会显示初设叉号。如果有必要,可以调整该位置。要创建目标,单击创建。

⑥ 如果要更改准备创建目标的工作对象,那么单击"更多"按钮打开"创建目标点"对话框。在工作对象列表中,选择要创建目标的工作对象。

⑦ 如果要更改目标点的默认名称,那么单击"更多"按钮打开"创建目标点"对话框。在目标点名称框内输入新的名称。

⑧ 单击创建,目标点将显示在浏览器和图形窗口中。

需要注意的是,新创建的目标点没有定义机器人关节配置值。要给目标点定义机器人关节配置,则需要使用 ModPos 或配置对话框。如果使用外轴,那么所有活动外轴的位置都将存储在目标点内。

(2)创建路径

路径由一组包含运动指令的目标点组成。在活动任务中将创建空路径。如果工件的曲线或轮廓与要创建的路径相符,那么可以自动创建路径。使用由曲线生成路径命令,沿线现有曲线添加目标点和指令完成整个路径。

① 反转路径

反转路径命令可以改变路径内目标点的序列,使机器人从最后一个目标点移动到第一个目标点。反转路径时,可以选择仅反转目标点顺序或翻转整个运动过程。

② 旋转路径

通过旋转路径命令,可以旋转整个路径并移动路径所使用的目标点。旋转路径时,路径中目标点轴的配置将会丢失。在启动旋转路径命令前,必须存在可以绕其旋转的框架或目标点。

③ 转换路径

转换路径功能可以移动路径和包含的所有目标。

④ 补偿工具半径的路径

可以偏移路径,以便于补偿旋转工具的半径。由于路径中的目标点已发生移动,因此目标点中的轴配置信息将会丢失。

⑤ 路径插值

内插功能可以重新定向路径中的目标,使起始目标和终止目标之间的方位差均匀分布在目标之间。内插既可以是线性内插,也可以是绝对内插。线性内插根据目标点沿路径长度的位置均匀地分布方位差。绝对内插根据目标点在路径中的序列均匀地分布方位差。

下面举例说明线性内插和绝对内插的区别。没有内插是指最后一个目标点的方位与其他目标点不同,如图 4-3a 所示。线性内插是指进行线性内插后的同一路径,如图 4-3b 所示。绝对内插是指绝对内插后的同一路径,如图 4-3c 所示。

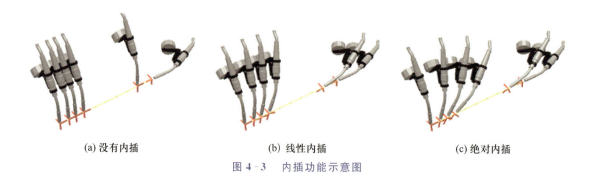

(a) 没有内插   (b) 线性内插   (c) 绝对内插

图 4-3　内插功能示意图

（3）创建方向

可以自动修改目标点方向的工具。在 RobotStudio 中从曲线创建路径时，目标点取决于曲线特性和周围的表面。下面举例说明一个目标点方向混乱的路径和不同工具对目标点的影响。

① 无序方向

图 4-4 所示的路径中，目标点方位没有进行排序。系统已经使用目标处的查看工具功能说明目标点指向不同的方向。

② 垂直于表面的目标点效果

已将先前随机定位的目标点设置为垂直于路径右侧的圆形平面。请注意目标 Z 轴的方向是如何与表面垂直的。目标点并未以其他方向旋转，如图 4-5 所示。

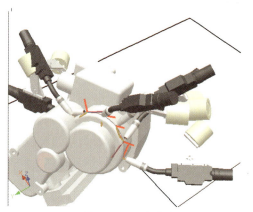

图 4-4　无序方向

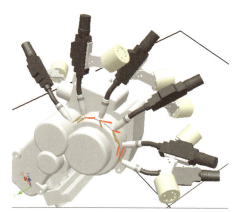

图 4-5　垂直于表面的目标点效果

将目标方位设置为垂直于表面就是要使其与表面成直角。可通过两种方法将目标与表面垂直。第一种方法是将整个表面用作垂直参照。目标将定位为与表面上最近的点垂直，整个表面为默认表面参照。第二种方法是表面上的特定点可以用作法线参照物。无论到表面上最近点的法线是否拥有其他方位，经过定位，目标都能与此点垂直。

③ 对齐目标点的效果

如果先前定位目标点时，其 Z 轴垂直于表面，而 X 轴和 Y 轴方向随机，那么表示已经通过对准目标绕 X 轴的方向与锁定的 Z 轴对目标点进行排列。路径中的一个目标点已用作参照物，如图 4-6 所示。

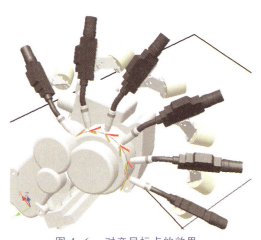
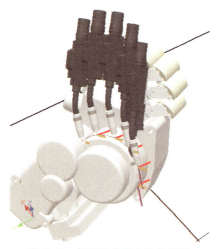

图 4-6　对齐目标点的效果　　　　图 4-7　复制和应用方向的效果

可以使用对齐目标点方向命令,对齐选定目标点使之绕一个轴旋转而无须更改绕其他轴的旋转。

④ 复制和应用方向的效果

先前随机定位的目标点现已通过将一个目标点的确切方向复制给其他所有目标点进行排列。这种方法可以快速固定可行的处理方位。其中,接近、行程或旋转方向的变化既不影响工件的形状,也不会受工件形状的影响,如图 4-7 所示。对准不同框架的一种简单方法是将方向从一个对象传递给另一个对象,这既有助于简化机器人编程,还可以复制目标点方向。

(4) 测试位置和动作

RobotStudio 提供了多项测试机器人如何到达或移动到目标点的功能,可以帮助用户在创建工作站和编程时找到最优化的布局。

① 测试可达性

测试可达性功能通过改变所选目标点框架在图形窗口中的颜色以显示机器人是否能到达该点完成相应的动作指令。可达目标点框架被标识为绿色,不可达的为红色,目标点位置可达但方向不可达为黄色。

② 跳转到目标点

跳转到目标点可以测试机器人是否可以伸展到特定位置。此项功能在构建工作站时是很有用的。通过在工件上的关键位置创建目标并将机器人跳转至这些目标,可以提前获知项目的定位是否正确。

③ 查看目标点处机器人

启动查看目标处机器人功能后,如果选定一个机器人,那么将会使用工具将该机器人定位到目标点处。如果多个机器人轴配置有可能伸展到目标,那么在跳转至目标点之前,机器人将使用最接近该配置的一个配置。

④ 查看目标点处工具

查看目标点处工具功能可以在目标点处显示工具,而不检查机器人是否可以到达该目标点。

由于目标点的方向会影响可达性和过程性能,因此这项测试对构建工作站和机器人编程是很有用的。

⑤ 执行移动指令

执行移动指令功能可以测试机器人是否可以伸展到具有编程动作属性的特定位置,这项功能对测试编程期间的动作是很有用的。

⑥ 沿路径移动

沿路径移动功能可以执行路径中的所有移动指令。它是比"执行"移动指令更为完整的测试,但不如全面仿真完整,因为它忽略了移动指令之外的 RAPID 代码。

⑦ 移至姿态

移至姿态功能是在不使用虚拟控制器的情况下按预定时间将机械装置移至预定接点值。在必须仿真外部设备(如夹具或传送带)的运动时,这项功能是很有用的。

⑧ 仿真程序

仿真程序是指在虚拟控制器上运行程序。仿真程序如同在真实的控制器上运行一样,它是最完整的测试。借助于该测试,用户可以了解机器人如何通过事件和 I/O 信号与外部设备进行交互。

▶ 4.1.2　子任务2　RobotStudio 工作站的构建

1. 认识坐标系

(1) 目标点和路径

在 RobotStudio 中对机器人动作进行编程时,需要使用目标点(位置)和路径(向目标点移动)的指令序列。将 RobotStudio 工作站同步到虚拟控制器时,路径将转换为相应的 RAPID 程序。

目标点是机器人要达到的坐标,它通常包含位置、方向和配置(configuration)信息。位置是指目标点在工件坐标系中的相对位置。方向是指目标点的方向,以工件坐标的方向为参照。当机器人达到目标点时,它会将 TCP 的方向对准目标点的方向。配置信息是用于指定机器人要如何达到目标点的配置值。

路径指向目标点移动的指令顺序。机器人将按路径中定义的目标点顺序移动。路径信息同步到虚拟控制器后将转换为例行程序。移动指令包括参考目标点、动作数据(例如动作类型、速度和区域)、参考工具数据和参考工作对象。动作指令是用于设置和更改参数的 RAPID 字符串。动作指令可插入路径中的指令目标之前、之后或之间。

(2) 坐标系

在 RobotStudio 中,可以使用坐标系或用户定义的坐标系进行元素和对象的相互关联。

① 层次结构:层次结构是指各坐标系之间在层级上相互关联。每个坐标系的原点都被定义为其上层坐标系之一中的某个位置。工具中心点坐标系和大地坐标系是两种常用的坐标系统。工具中心点坐标系也称为 TCP,是工具的中心点。用户可以为一个机器人定义不同的 TCP。所有的机器人在机器人的工具安装点处都有一个被称为 tool0 的预定义 TCP。当程序运行时,机器人将该 TCP 移动至编程的位置。大地坐标系用于表示整个工作站或机器人单元,是层级的顶部。当使用 RobotStudio 时,所有其他坐标系均与其相关。

② 基座(BF):在 RobotStudio 和现实当中,工作站中的每个机器人都拥有一个始终位于其

4

底部的基础坐标系。

③ 任务框(TF):在 RobotStudio 中,任务框表示机器人控制器大地坐标系的原点。

图 4-8 所示说明了基座与任务框之间的差异。左侧的任务框与机器人基座位于同一位置,右侧的已将任务框移动至另一位置。

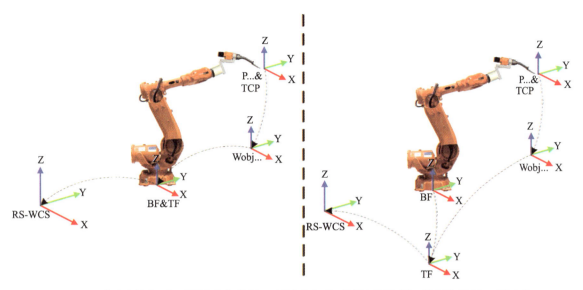

RS-WCS—大地坐标系;BF—机器人基座;TCP—工具中心点;P—机器人目标;TF—任务框;Wobj—工件坐标。

图 4-8 基座与任务框之间的差异

图 4-9 所示说明了如何将 RobotStudio 中的工作框映射到现实中的机器人控制器坐标系,如映射到车间中。

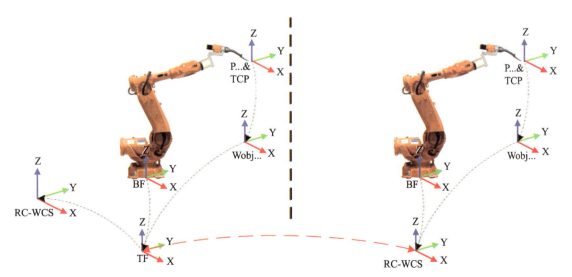

RS-WCS—大地坐标系;RC-WCS—机器人控制器中定义的大地坐标系;BF—机器人基座;
TCP—工具中心点;P—机器人目标;TF—任务框;Wobj—工件坐标。

图 4-9 映射真实机器人控制器坐标系

（3）工具的建立及 TCP 的校验

如图 4-10 所示，图中 A 即为 tool0 的工具中心点（TCP），先要确定工具中心点并对 TCP 进行校验。在虚拟示教器单击"ABB"图标进入主界面菜单，单击"微动控制"；再单击"工具"，显示可用工具列表；单击"新建"以创建新工具，如图 4-11 所示，最后单击"确定"按钮。

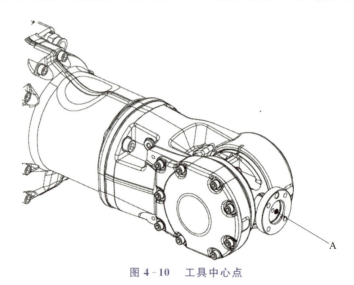

微视频：工具
坐标创建

图 4-10　工具中心点

图 4-11　创建新工具

2. 具有多个机器人系统的工作站

对于单机器人系统,RobotStudio 的工作框与机器人控制器大地坐标系相对应。如果工作站中有多个控制器,那么任务框允许所连接的机器人在不同的坐标系中工作,即可以通过为每个机器人定义不同的工作框使这些机器人的位置彼此独立,如图 4-12 所示。

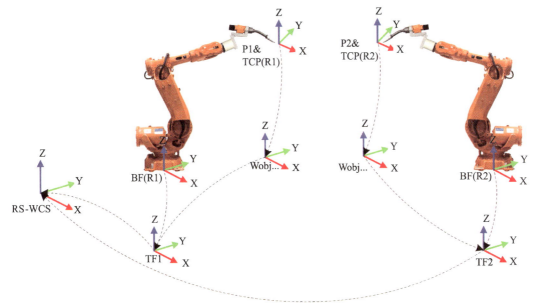

RS-WCS—大地坐标系;TCP(R1)—机器人 1 的工具中心点;TCP(R2)—机器人 2 的工具中心点;

BF(R1)—机器人系统 1 的基座;BF(R2)—机器人系统 2 的基座;P1—机器人目标 1;P2—机器人目标 2;

TF1—机器人系统 1 的任务框;TF2—机器人系统 2 的任务框;Wobj—工件坐标。

图 4-12 多机器人多坐标系

(1) MultiMove Coordinated 系统

MultiMove 功能可帮助创建并优化 MultiMove 系统的程序,使一个机器人或定位器夹持住工件,由其他机器人对其进行操作,如图 4-13 所示。当对机器人系统使用 RobotWare 选项 MultiMove Coordinated 时,这些机器人必须在同一坐标系中进行工作。同样地,RobotStudio 禁止隔离控制器的工作框。

(2) MultiMove Independent 系统

对机器人系统使用 RobotWare 选项 MultiMove Independent 时,多个机器人可在一个控制器的控制下同时进行独立的操作,如图 4-14 所示。即使只有一个机器人控制器大地坐标系,机器人也通常在单独的多个坐标系中工作。要在 RobotStudio 中实现此设置,必须将机器人的任务框隔离开并彼此独立地定位。

3. 工件坐标系

工件坐标系通常表示实际工件。它由用户框架和对象框架两个坐标系组成,其中后者是前者的子框架。对机器人进行编程时,所有目标点(位置)都与工作对象的对象框架相关。如果未指定其他工作对象,那么目标点将与默认的 wobj0 关联。wobj0 始终与机器人的基座保持一致。

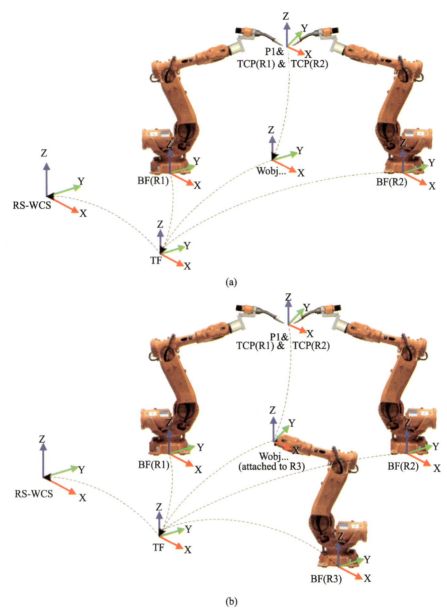

(a)

(b)

RS-WCS—大地坐标系；TCP(R1)—机器人 1 的工具中心点；TCP(R2)—机器人 2 的工具中心点；

BF(R1)—机器人系统 1 的基座；BF(R2)—机器人系统 2 的基座；BF(R3)—机器人系统 3 的基座；

P1—机器人目标 1；TF—任务框；Wobj—工件坐标。

图 4-13　多机器人 MultiMove Coordinated 系统

　　如果工件的位置已发生更改，那么可以利用工件轻松地调整发生偏移的机器人程序。因此，工件可用于校准离线程序。如果固定装置或工件的位置相对于实际工作站中的机器人与离线工作站中的位置无法完全匹配，那么用户只需调整工件的位置即可。

　　工件还可用于调整动作。如果工件固定在某个机械单元上（同时系统使用了该选项调整动作），那么当该机械单元移动该工件时，机器人将在工件上找到目标。

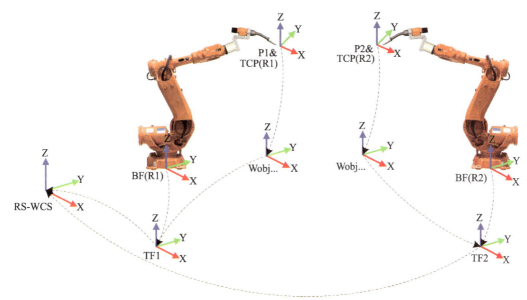

RS-WCS—大地坐标系;TCP(R1)—机器人 1 的工具中心点;TCP(R2)—机器人 2 的工具中心点;

BF(R1)—机器人系统 1 的基座;BF(R2)—机器人系统 2 的基座;P1—机器人目标 1;P2—机器人目标 2;

TF1—机器人系统 1 的任务框;TF2—机器人系统 2 的任务框;Wobj—工件坐标。

图 4-14   多机器人 MultiMove Independent 系统

如图 4-15 所示,灰色的坐标系为大地坐标系,黑色部分为工件框和工件的用户框。这里的用户框定位在工作台或固定装置上,工件框定位在工件上。用户坐标系用于根据用户的选择创建参照点。例如,用户可以在工件上的策略点处创建用户坐标系以简化编程。

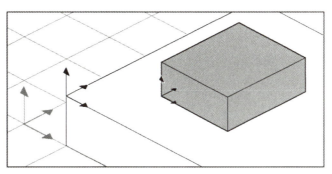

图 4-15   用户坐标系

4.机器人轴的配置

(1)轴配置

目标点定义并存储为 WorkObject 坐标系内的坐标。控制器计算出当机器人到达目标点时轴的位置,它一般会找到多个配置机器人轴的解决方案,如图 4-16 所示。

为了区分不同配置,所有目标点都有一个配置值,用于指定每个轴所在的四元数。在目标点中存储轴配置,对于那些将机器人微动调整到所需位置之后示教的目标点,所使用的配置值将存

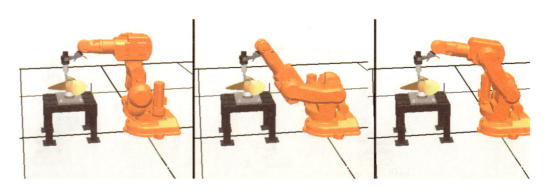

图 4-16　多个配置机器人轴解决方案

储在目标中。凡是通过指定或计算位置和方位创建的目标,都会获得默认的配置值[0,0,0,0],该值可能对机器人到达目标点无效。

(2)轴配置的常见问题

在多数情况下,如果创建目标点使用的方法不是微动控制,那么将无法获得这些目标的默认配置。即使路径中的所有目标都已验证配置,如果机器人无法在设定的配置之间移动,那么运行该路径时可能也会遇到问题。如果轴在线性移动期间移位幅度超过 $90°$,那么可能出现重新定位的目标点会保留其配置,但是这些配置不再经过验证的情况。因此,移动到目标点时,可能会出现上述问题。

(3)配置问题的常用解决方案

要解决上述问题,可以为每个目标点指定一个有效配置,并确定机器人可沿各个路径移动。此外,可以关闭配置监控,也就是忽略存储的配置,使机器人在运行时找到有效配置。如果操作不当,那么可能无法获得预期结果。

在某些情况下,可能不存在有效配置。为此,可行的解决方案是重新定位工件,重新定位目标点(如果过程接受),或者添加外轴以移动工件或机器人,从而提高可到达性。

(4)如何表示配置

机器人的轴配置使用 4 个整数系列表示,用来指定整转式有效轴所在的象限。象限的编号从 0 开始为正旋转(逆时针),从 1 开始为负旋转(顺时针)。

对于线性轴,整数可以指定距轴所在的中心位置的范围(以 m 为单位)。6 轴工业机器人的配置(如 IRB 140)如[0,−1,2,1]。第一个整数(0)指定轴 1 的位置,是指位于第一个正象限内(介于 $0°\sim90°$ 的旋转)。第二个整数(−1)指定轴 4 的位置,是位于第一个负象限内(介于 $0°\sim90°$ 的旋转)。第三个整数(2)指定轴 6 的位置,是指位于 3 个正象限内(介于 $180°\sim270°$ 的旋转)。第四个整数(1)指定轴 X 的位置,这是用于指定与其他轴关联的手腕中心的虚拟轴。

(5)配置监控

执行机器人程序时,可以选择是否监控配置值。如果关闭配置监控,那么将忽略使用目标点存储的配置值,机器人将使用最接近其当前配置的配置移动到目标点。如果打开配置监控,那么只使用指定的配置伸展到目标点。用户可以分别关闭或打开关节和线性移动的配置监控,并由 ConfJ 和 ConfL 动作指令控制。

① 关闭配置监控

如果在不使用配置监控的情况下运行程序,那么每执行一个周期时,得到的配置都可能会有所不同。机器人在完成一个周期后返回起始位置时,可以选择与原始配置不同的配置。对于使用线性移动指令的程序,可能会出现机器人逐步接近关节限值,但是最终无法伸展到目标点的情况。对于使用关节移动指令的程序,可能会导致完全无法预测的移动。

② 打开配置监控

如果在使用配置监控的情况下运行程序,那么会强制机器人使用目标点中存储的配置。这样,循环和运动便可以预测。但是,在某些情况下,如机器人从未知位置移动到目标点时,如果使用配置监控,那么可能会限制机器人的可到达性。在离线编程时,如果程序要使用配置监控执行,那么必须为每个目标指定一个配置值。

▶ 4.1.3 子任务3 程序数据的创建

互动练习:工作站的构建

1. 打开虚拟示教器

在已经安装完成 RobotStudio 软件的计算机上打开虚拟示教器。单击工具栏"控制器"菜单中的"示教器"图标,如图 4-17 所示,在弹出的下拉菜单中单击"虚拟示教器"选项。经过前面的学习,应该已经能够熟练操作虚拟示教器了。如果虚拟示教器处于激活状态,那么可以参考第 2 篇任务 2 中关于离线创建控制系统生成器的内容。

图 4-17   虚拟示教器

2. 建立程序数据

程序数据是在程序模块或系统模块中设定的值和定义的一些环境数据。创建的程序数据由同一个模块或其他模块中的指令进行引用。图 4-18 所示的这条常用的机器人关节运动的指令就调用了 4 个程序数据。

指令	MoveJ p10,v1000,z50,tool0;			
程序数据	①	②	③	④
数据类型	① robtarget	② speeddata	③ zonedata	④ tooldata
说明	运动目标位置数据	运动速度数据	运动转弯数据	工具数据 TCP

图 4-18   指令格式及数据类型

程序数据的建立一般可以分为两种形式:一种是直接在示教器中的程序数据画面中建立;另一种是在建立程序指令时,同时自动生成对应的程序数据。

（1）新建程序数据

单击"ABB"图标进入主界面，如图4-19所示。然后单击"程序数据"选项，进入程序数据页面。选择"bool"，双击显示所有布尔数据。可以单击"新建"，弹出数据参数设置窗口，如图4-20所示。在窗口中可以设置名称、范围、存储类型、任务、模块、例行程序、维数等参数。

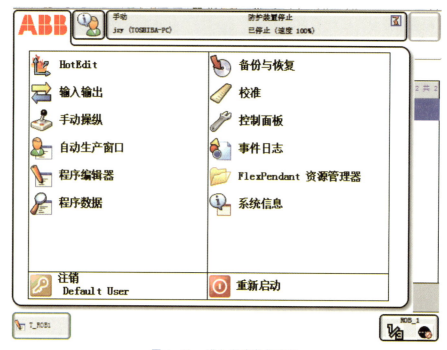

图4-19　进入程序数据窗口

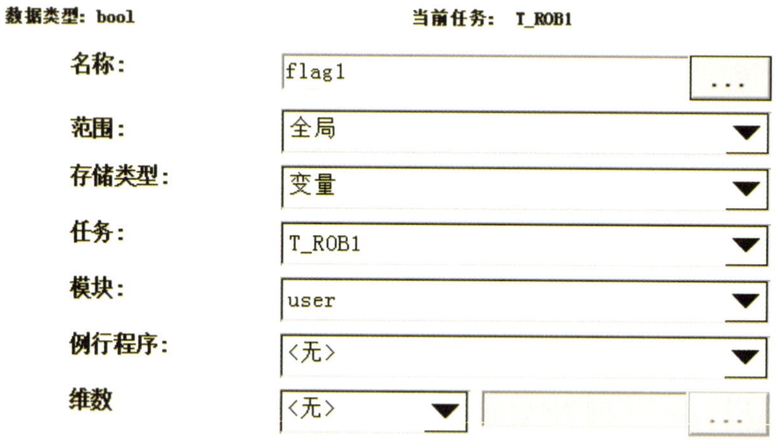

图4-20　bool变量参数设置窗口

其他程序数据的新建和查询方法类似。在建立一些数据时可能需要手工进行参数设定，在此不重复列举了。

ABB 机器人的程序数据有 98 个。此外,还可以根据实际情况创建新的程序数据,这为 ABB 机器人的程序设计带来无限的可能。如图 4-21 所示,在示教器的"程序数据"窗口可以查看和创建所需的程序数据。

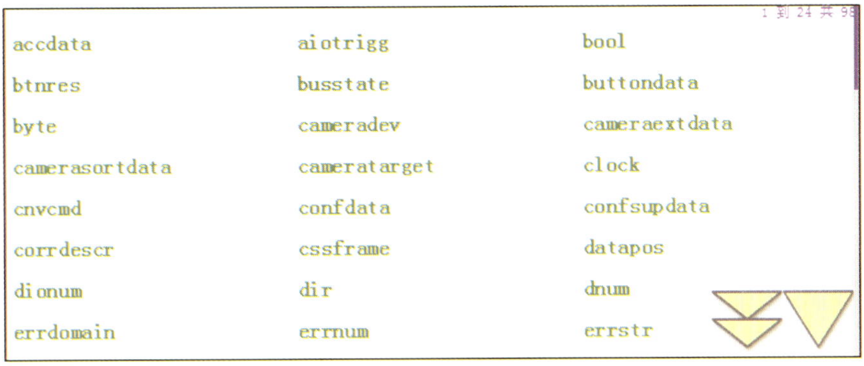

accdata	aiotrigg	bool
btnres	busstate	buttondata
byte	cameradev	cameraextdata
camerasortdata	cameratarget	clock
cnvcmd	confdata	confsupdata
corrdescr	cssframe	datapos
dionum	dir	dnum
errdomain	errnum	errstr

1 到 24 共 98

图 4-21　程序数据窗口

ABB 机器人根据不同的数据用途定义了不同的程序数据,表 4-3 所示的是部分常用程序数据的说明。

表 4-3　机器人系统部分常用程序数据的说明

程序数据	说　明	程序数据	说　明
bool	布尔量	byte	整数数据 0~255
clock	计时数据	dionum	数字输入/输出信号
extjoint	外轴位置数据	intnum	中断标志符
jointtarget	关节位置数据	loaddata	负荷数据
mecunit	机械装置数据	num	数值数据
orient	姿态数据	pos	位置数据(只有 X、Y 和 Z)
pose	坐标转换	robjoint	机器人轴角度数据
robtarget	机器人与外轴的位置数据	speeddata	机器人与外轴的速度数据
string	字符串	tooldata	工具数据
trapdata	中断数据	wobjdata	工件数据
zonedata	TCP 转弯半径数据		

(2) 程序数据的存储类型

① 变量 VAR

变量数据在程序执行的过程中和停止时会保持当前的值。但是,如果程序指针被移到主程序后,那么数值就会丢失。例如:

MODULE Module1

　　VAR num length:=0;名称为 length 的数字数据

111

```
    VAR string name：= "John"；名称为 name 的字符数据
    VAR bool finished：= FALSE；名称为 finished 的布尔量数据
ENDMODULE
```

使用上述方法定义数据可以理解为定义变量数据的初始值。在机器人执行的 RAPID 程序中也可以对变量存储类型程序数据进行赋值的操作。

```
MODULE Module1
    VAR num length：= 0；
    VAR string name：= "John"；
    VAR bool finished：= FALSE；
    PROC main()
        length：= 10-1；
        name：= "Smith"；
        finished：= TRUE；
    END PROC
ENDMODULE
```

在程序中执行变量型程序数据的赋值，在指针复位后将恢复为初始值。

② 可变量 PERS

可变量的最大特点是无论程序的指针如何，都会保持最后赋予的值。例如：

```
MODULE Module1
    PERS num nbr：= 1；名称为 nbr 的数字数据
    PERS string text：= "hello"；名称为 text 的字符数据
ENDMODULE
```

在机器人执行的 RAPID 程序中，也可以对可变量存储类型程序数据进行赋值的操作。

```
MODULE Module1
    PERS num nbr：= 1；名称为 nbr 的数字数据
    PERS string text：= "hello"；名称为 text 的字符数据
    PROC main()
        nbr：= 8；
        text：= "Hi"；
    END PROC
ENDMODULE
```

在程序执行以后，赋值的结果会一直保持，直到对其进行重新赋值。

③ 常量 CONST

常量的特点是在定义时已赋予了数值，并不能在程序中进行修改，除非手动修改。例如：

```
MODULE Module1
    CONST num gravity：= 9.81；名称为 gravity 的数字数据
    CONST string greating：= "hello"；名称为 greating 的字符数据
ENDMODULE
```

需要注意的是,存储类型为常量的程序数据,不允许在程序中进行赋值的操作。

(3)关键程序数据的设定

在进行正式的编程前,需要构建起必要的编程环境,其中工具数据 tooldata、工件坐标 wobjdata 和负荷数据 loaddata 这三个必需的程序数据需要在编程前进行定义。下面介绍这三个程序数据的设定方法。

① 工具数据 tooldata 的设定

工具数据 tooldata 是用于描述安装在机器人第六轴上的工具 TCP、质量、重心等参数的数据。一般来说,不同的机器人应用配置不同的工具。例如,弧焊的机器人使用弧焊枪作为工具,而用于搬运板材的机器人则使用吸盘式的夹具作为工具。

默认工具(tool0)的工具中心点(tool center point,TCP)位于机器人安装法兰的中心。如图 4-22 所示,A 点是原始的 TCP 点。工具是独立于机器人的,由应用来确定。有了工具的中心,在实际应用中示教就会方便很多。读者可以以 TCP 为原点建立一个空间直角坐标系。

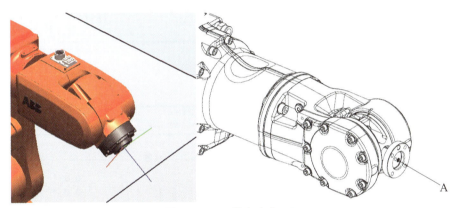

图 4-22 工具中心点 TCP

要设定 TCP,首先要在机器人工作范围内找一个非常精确的固定点作为参考点。然后在工具上确定一个参考点(最好是工具的作用点)。接下来,用前面介绍的手动操作机器人的方法,去移动工具上的参考点。以 4 种以上不同的机器人姿态尽可能与固定点刚好碰上。为了获得更准确的 TCP,在下面的例子中使用 6 点法进行操作,第 4 点是用工具的参考点垂直于固定点,第 5 点是工具参考点从固定点向将要设定为 TCP 的 X 方向移动,第 6 点是工具参考点从固定点向设定为 TCP 的 Z 方向移动。最后,机器人通过这四个位置点的位置数据计算求得 TCP 的数据,TCP 的数据保存在 tooldata 这个程序数据中被程序调用。

3 种 TCP 取点数量的不同之处在于,4 点法不改变 tool0 的坐标方向,5 点法改变 tool0 的 Z 方向,6 点法改变 tool0 的 X 和 Z 方向。6 点法在焊接应用上最为常用。前 3 个点的姿态相差尽量大些,这样有利于 TCP 精度的提高。

下面介绍建立一个新的工具数据 tool0 的操作。

打开虚拟示教器后,设置手动方式,单击"ABB"按钮进入主界面,选择"手动操纵"选项,进入属性界面选择"工具坐标",如图 4-23 所示。进入后单击"新建"生成 tool1,进入设定窗口。对工具数据属性进行设定后,单击"确定"按钮。

(a)

(b)

图 4-23　进入手动操纵界面

　　选中新建的 tool1 后,单击"编辑"菜单中的"定义"选项,如图 4-24 所示。在取点数量"方法"的下拉列表中选择"TCP 和 Z,X"选项,使用 6 点法设定 TCP,如图 4-25 所示。

图 4-24　新建工具数据

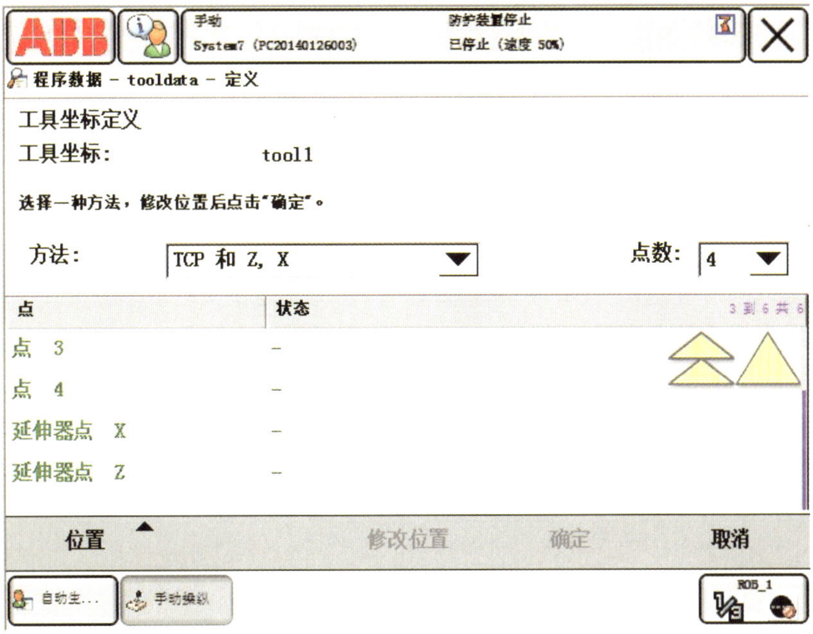

图 4-25　工具坐标定义

　　选择合适的手动操纵模式,按下使能键,使用摇杆使工具参考点靠上固定点,作为第一点。单击"修改位置",将点 1 位置记录下来。下面可以先左右改变姿态,再分别靠上固定点,确定后单击"修改位置",将点 2、点 3 位置记录下来,而点 4 的位置必须工具参考点以垂直靠上固定点,再把点 4 位置记录下来。工具参考点以点 4 的垂直姿态从固定点移动到工具 TCP 的＋X 方向,单击"修改位置"将延伸器点 X 位置记录下来。再将工具参考点以点 4 垂直姿态从固定点移动到工具 TCP 的＋Z 方向，单击"修改位置"将延伸器点 Z 位置记录下来。

对误差进行确认，当然是误差越小越好，但也要以实际验证效果为准。回到工具坐标界面，选中新建的 tool1，然后打开"编辑"菜单选择"更改值"选项，在这个界面显示内容都是 TCP 定义生成的数据。根据实际情况设定工具的质量 mass（单位 kg）和重心位置数据（此重心是基于 tool0 的偏移值，单位 mm），然后单击"确定"按钮。

使用摇杆将工具参考点靠上固定点，然后在重定位模式下手动操纵机器人。如果 TCP 设定精确，那么可以看到工具参考点与固定点始终保持接触，而机器人会根据重定位操作改变姿态。

② 工件坐标 wobjdata 的设定

工件坐标对应工件，它定义工件相对于大地坐标（或其他坐标）的位置。机器人可以拥有若干工件坐标系，用于表示不同工件或者表示同一工件在不同位置的若干副本。对机器人进行编程时就是在工件坐标中创建目标和路径。这样在重新定位工作站中的工件时，只需要更改工件坐标的位置，所有路径将即刻随之更新。此外，因为整个工件可连同其路径一起移动，所以允许操作以外轴或传送导轨移动的工件。

打开虚拟示教器后，设置手动方式，单击"ABB"按钮，选择"手动操纵"选项，进入后单击"新建"，进入设定窗口。对工具数据属性进行设定后，单击"确定"按钮。

③ 负荷数据 loaddata 的设定

对应搬运应用的机器人，应该正确设定夹具的质量、重心 tooldata 以及搬运对象的质量和重心数据 loaddata。

互动练习：程序数据的创建

4.1.4 子任务 4 RAPID 程序的创建

要使工业机器人动起来，必须给机器人一系列的指令，让它按照指令来进行运动。ABB 机器人通过编写 RAPID 程序来实现对机器人的控制。RAPID 指令包含可以移动机器人、设置输出、读取输入，还能实现决策、重复其他指令、构造程序、与系统操作员交流等功能。RAPID 程序的框架结构如表 4-4 和图 4-26 所示。

表 4-4 程序的框架结构

RAPID 程序			
程序模块 1	程序模块 2	程序模块 3	程序模块 4
程序数据	程序数据	…	程序数据
主程序 main	例行程序	…	例行程序
例行程序	中断程序	…	中断程序
中断程序	功能	…	功能
功能	…		

RAPID 程序由程序模块和系统模块组成。一般来说，只通过新建程序模块来构建机器人的程序，而系统模块多用于系统方面的控制。可以根据不同的用途创建多个程序模块，如专门用于主控制的程序模块、用于位置计算的程序模块和用于存放数据的程序模块，这样便于归类管理不

同用途的例行程序与数据。每一个程序模块包含程序数据、例行程序、中断程序和功能四种对象，但不一定在一个模块中都有这四种对象，程序模块之间的数据、例行程序、中断程序和功能是可以相互调用的。在 RAPID 程序中，只有在一个主程序 main。它是作为整个 RAPID 程序执行的起点，可以存在于任意一个程序模块中。

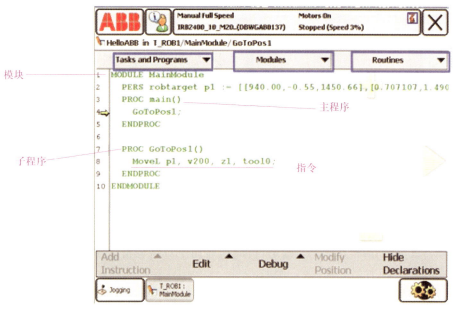

图 4-26　RAPID 程序框架结构

下面是常用 RAPID 程序指令：

（1）赋值指令

"：＝"赋值指令用于对程序数据进行赋值。赋值可以是一个常量或数学表达式。例如：

常量赋值：reg1：＝5；

数学表达式赋值：reg2：＝reg1＋4；

（2）机器人运动指令

机器人在空间的运动主要有关节运动（MoveJ）、线性运动（MoveL）、圆弧运动（MoveC）和绝对位置运动（MoveAbsJ）等 4 种方式。

① MoveJ：关节运动

将机器人 TCP 快速移动至给定目标点，运行轨迹不一定是直线，只关注起点和终点。工业生产中应用在搬运、分拣、码垛等。例如：

MoveJ p20, v1000, z50, tool1\wobj：＝wobj1；

如图 4-27 所示，机器人 TCP 从当前位置 p10 处运动至 p20 处，运动轨迹不一定是直线。速度是 1 000 mm/s，转弯区数据是 50 mm。距离 p10 点还有 50 mm 的时候开始转弯使用的是工具坐标数据 tool1，工件坐标数据为 wobj1。需要注意的是，关节运动指令适合机器人大范围运动，运动过程中不易出现机械死点状态。

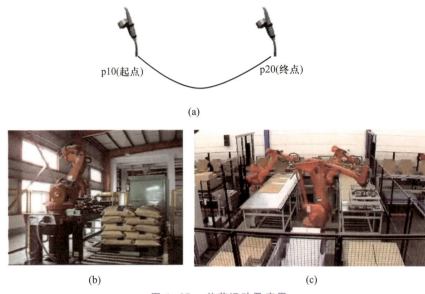

(a)

(b)   (c)

图 4-27   关节运动及应用

② MoveL:线性运动

将机器人 TCP 沿直线运动至给定目标点,适用于对路径精度要求高的场合,工业生产中主要应用在激光切割、涂胶、弧焊等。例如:

MoveL p20, v1000, fine, tool1\wobj:=wobj1;

如图 4-28 所示,机器人 TCP 从当前位置 p10 处运动至 p20 处,运动轨迹为直线。需要注意的是,直线运动指令适合机器人路径确定的情况下的空间运动。请读者注意观察 Z 值在工业生产中的意义,思考 Z 值和 fine 的区别是什么。观察指令:

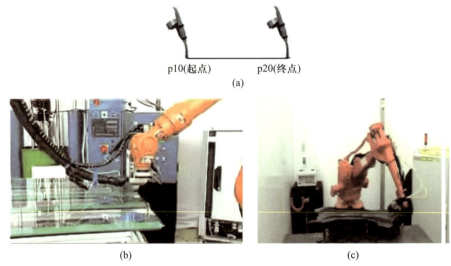

(a)

(b)   (c)

图 4-28   线性运动及应用

MoveL p10, V100, z50, tool1\wobj: = wobj1;

MoveL p20, V100, fine, tool1\wobj: = wobj1;

如图 4-29 所示,运行轨迹在接近 p10 点时 z50 逼近但不靠近,形成半径 50 mm 转弯曲线,但 fine 是精确到达。

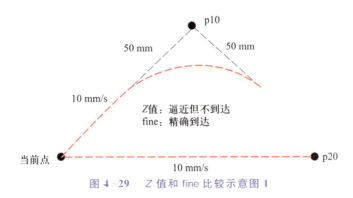

图 4-29 Z 值和 fine 比较示意图 1

如图 4-30 所示,运行轨迹在接近 p1 点时形成半径 10 mm 的转弯曲线,然后精确到达 p2 和 p3 点,样例程序如下:

MoveL p1,v200,z10,tool1\wobj: = wobj1;

MoveL p2,v100,fine,tool1\wobj: = wobj1;

MoveJ p3,v500,fine,tool1\wobj: = wobj1;

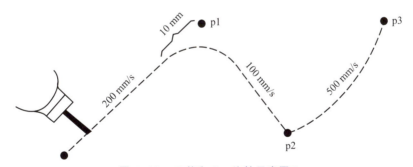

图 4-30 Z 值和 fine 比较示意图 2

③ MoveC:圆弧运动

将机器人 TCP 沿圆弧运动至给定目标点。例如:

MoveC p20, p30, v1000, z50, tool1\wobj: = wobj1;

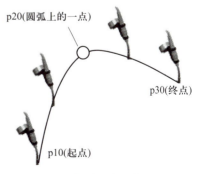

图 4-31 圆弧运动示意图

如图 4-31 所示,机器人 TCP 以当前位置 p10 作为圆的起点,p20 是圆弧上的一点(用于圆弧的曲率),p30 作为圆弧的终点。因为圆弧运动指令 MoveC 在做圆弧运动时一般不超过 240°,所以一个完整的圆通常使用两条圆弧指令来完成。

在运动指令中,关于速度,一般最高为 500 mm/s;在手动限速状态下,所有的运动速度被限速在 250 mm/s。

关于转弯区,fine 指机器人 TCP 达到目标点。在目标点速度降为 0,机器人动作有所停顿后再向下运动。如果是一段路径的最后一个点,那么一定要为 fine。转弯区数值越大,机器人的动作路径就越圆滑与流畅。

④ MoveAbsJ:绝对位置运动

绝对位置运动将机器人的各关节轴运动至给定位置,是机器人的运动使用 6 个轴和外轴的角度值来定义目标位置数据,常用于机器人 6 个轴回到机械零点(0°)的位置。例如:

PERS jointarget jpos10: = [[0,0,0,0,0,0],[9E + 09, 9E + 09, 9E + 09, 9E + 09, 9E + 09, 9E + 09]];

若关节目标点数据中各关节轴为 0°,则机器人运行至各关节轴 0°位置。例如:

MoveAbsJ jpos10, v1000, z50, tool1\wobj: = wobj1;

(3) I/O 控制指令

① Set:将数字输出信号置为 1

例如:

Set Do1;

将数字输出信号 Do1 置为 1。这条指令等同于:

SetDO Do1, 1;

此外,SetDO 还可设置延迟时间,例如:

SetDO\SDelay: = 0. 2, Do1, 1;

这条指令在延迟 0.2 s 后将 Do1 置为 1。

② Reset:将数字输出信号置为 0

例如:

Reset Do1;

将数字输出信号 Do1 置为 0,这条指令等同于:

SetDO Do1, 0;

③ Wait DI:等待一个输入信号状态为设定值

例如:

Wait Di1,1;

这条指令等待数字输入信号 Di1 为 1,之后才执行下面的指令。如果达到最大等待时间为 300 s(此时间可根据实际进行设定)以后 Di1 的值不为 1,那么机器人报警或进入出错处理程序。这条指令等同于:

WaitUntil Di1 = 1;

WaitUntil 应用更广泛,它等待的是后面条件为 True 才继续执行,例如:

WaitUntil bRead = False;

WaitUntil num1 = 1;

(4) 条件逻辑判断指令

① IF:满足不同条件,执行对应程序

例如：

IF reg1＞5 THEN

    Set Do1；

ENDIF

如果 reg1＞5 条件满足，那么执行 Set Do1 指令。

② FOR：根据指定的次数，重复执行对应程序

例如：

FOR I FROM 1 TO DO

      routine1；

ENDFOR

重复执行 10 次 routine1 里的程序。

FOR 指令后面跟的是循环计数值。循环计数值不用在程序数据中定义，每次运行一遍 FOR 循环中的指令后会自动执行加 1 操作。

③ WHILE：如果条件满足，则重复执行对应程序

例如：

WHILE reg1＜reg2 DO

    reg1：= reg1 + 1；

ENDWHILE

如果变量 reg1＜reg2 条件一直成立，那么重复执行 reg1 自动加 1，直至 reg1＜reg2 条件不成立。

④ TSET：根据指定变量的判断结果，执行对应程序

例如：

TSET reg1

    CASE 1：

      routine1；

    CASE 2：

      routine2；

    DEFAULT：

      Stop；

ENDTEST

判断 reg1 数值。若为 1，则执行 routine1；若为 2，则执行 routine2；否则执行 Stop。

在 CASE 中，若多种条件下执行同一操作，则可合并在同一 CASE 中，例如：

CASE 1，2，3：routine1；

（5）其他常用指令

① "!"：注释行

如果在语句前面加上"!"，那么整行语句作为注释行，不被程序执行。

例如：

! Goto the pick position；

MoveL pPick, v1000, fine, tool1\wobj: = wobj1;

② Offs：偏移功能

以选定的目标点为基准,沿着选定工件坐标系的 X 轴、Y 轴和 Z 轴方向偏移一定的距离。例如：

MoveL Offs(p10,0,0,10), v1000, z50, tool1\wobj: = wobj1;

将机器人 TCP 移动至 p10,作为基准点,沿着 wobj1 的 Z 轴正方向偏移 10 mm 的位置。

RelTool 同样是偏移指令,而且可以设置角度偏移,但其参考的坐标系为工具坐标系,例如：

MoveL RelTool(p10,0,0,10\Rx: = 0\Ry: = 0\Rz: = 45), v1000, z50, tool1;

将机器人 TCP 移动至 p10,作为基准点,沿着 tool1 坐标系 Z 轴正方向偏移 10 mm,且 TCP 沿着 tool1 坐标系 Z 轴旋转 $45°$。

③ CRobT：读取当前机器人目标点位置数据

CJointT：读取当前机器人各关节轴度数的功能

例如：

PERS robtarget p10；

p10: = CRobT(\tool: = tool1\wobj: = wobj1);

读取当前机器人目标点位置数据,指定工具数据为 tool1,工件坐标系数据为 wobj1,之后将读取的目标点数据赋值给 p10。若不指定,则默认工具数据为 tool0,默认工件坐标系数据为 wobj0。

CRobt: = CJoinT();

程序数据 RobotTarget 与 JointTarget 之间可以互相交换,例如：

p1: = CRobT(jointpos1, tool1\wobj: = wobj1); 将 jointtarget 转换为 robottarget。

jointpos1: = CRobT(p1, tool1\wobj: = wobj1); 将 robottarget 转换为 jointtarget。

④ 常用写屏指令

例如：

TPErase；

TPWrite "The Robot is running!";

TPWrite "The Last CycleTime is:"\num: = nCycleTime;

假设上一次循环时间 nCycleTime 为 10s,则示教器上面显示内容为：

The Robot is running! The Last CycleTime is:10

⑤ 例行程序

有 3 种类型,分别为 Procedures(普通程序)、Functions(功能程序)、Trap routines(中断程序)。

Procedures：如常用的主程序、子程序等。

Functions：会返回一个指定类型的数据,在其他指令中可作为参数调用。

Trap routines：当中断条件满足时,则立即执行该程序中的指令,运行完成后返回调用该中断的地方继续往下执行。

例如：

PERS num nCount；

FUNC bool bCompare (num nMin, num nMax)

```
    RETURN nCount>nMin AND nCount<nMax;
ENDFUNC
PROC rTest()
    IF bCompare(5,10)THEN
    ...
    ENDIF
ENDPROC
```

在上述例子中定义了一个用于比较数值大小的布尔量型功能程序,在调用此功能时需要输入比较下限值和上限值。如果数据 nCount 在上下限值范围之内,那么返回为 True,否则为 False。

4.1.5　子任务 5　系统参数配置

系统参数用于定义系统配置并在出厂时根据客户的需要定义。可使用 FlexPendant 或 RobotStudio Online 编辑系统参数。下面介绍如何查看系统参数配置。

在示教单元单击"ABB"按钮进入主界面菜单,单击"控制面板"选项,单击"配置",显示选定主题的可用类型列表。单击"主题",主题包括 PROC、Controller、Communication、System I/O、Man-machine Communication 和 Motion 等。

如图 4-32 所示,常用的信号配置有 I/O 中的 Signal、System Input 和 System Output,以及 PROC(在装了弧焊软件包的情况下)中的 Inputs 和 Outputs。图 4-33 所示是 PROC 的配置。

图 4-32　I/O 的配置

如图 4-34 所示的机器人输入输出信号流程,在 Signal 中进行变量与板卡接口的映射配置,

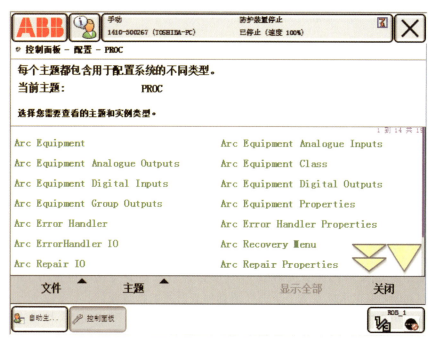

图 4-33　PROC 的配置

在 System Input 和 System Output 中进行 IRC5 中的变量与板卡接口定义的变量之间的映射配置（也可以在 EIO 文件中完成配置），在 PROC 中进行弧焊软件包中的变量与板卡变量之间的映射配置（也可以在 PROC 中完成配置）。其中，虚拟变量可以和真实的变量一样，并与其一起进行定义配置，这些变量用"v"字开头，如 vdoGas。

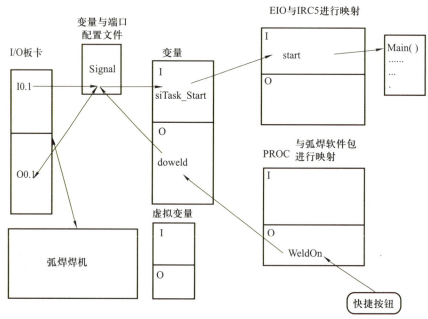

互动练习：认识 RobotStudio 软件

图 4-34　机器人输入输出信号流程

4.2 任务2 直线运动控制

任务目标

① 掌握直线运动控制;

② 掌握直线微动控制和位移偏差处理。

本任务中仍然使用虚拟示教器进行编程,示教编程的基本步骤如下:

① 建模块;

② 建程序;

③ 插入指令;

④ 运行调试。

▶ 4.2.1 子任务1 直线运动控制

1. 任务实施

(1) 确定工作要求

概述:机器人空闲时,在位置点 pHome 等待。如果外部信号 di1 输入为 1,那么机器人沿着物体的一条边从 p10 到 p20 走一条直线,如图 4-35 所示。结束以后回到 pHome 点。

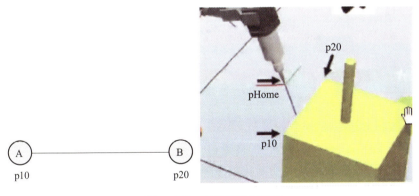

图 4-35   直线运动示意图

微视频:直线
运动控制

(2) 完成任务

① main:主程序

在"main"主程序中进行程序执行的主体架构设定,在开始位置调用初始化例行程序。添加"WHILE"指令,并将条件设定为"True"。在循环中设定 IF 条件语句,满足 di1=1 时,调用两个例行程序 rMoveRoutine 和 rHome,在 IF 下方再添加 WaitTime 指令,参数是 0.3 s,如图 4-36 所示。这些程序可以在编辑完成下面 3 个程序之后再编辑。

```
PROC main()
    rInitAll;
```

```
WHILE True DO
IF di1 = 1 THEN
rMoveRoutine;
rHome;
ENDIF
WaitTime 0.3;
ENDWHILE
ENDPROC
```

图 4-36   主程序

主程序解读：
- 首先进入初始化程序进行相关初始化的设置；
- 进入 WHILE 的死循环，目的是将初始化程序隔离开；
- 如果 di1=1，那么机器人执行对应的路径程序；
- 等待 0.3 s 的指令目的是防止系统 CPU 过负荷。

使用"WHILE"指令构建死循环的目的在于将初始化程序与正常运行的路径程序隔离开。初始化程序只在一开始时执行一次，然后就根据条件循环执行路径运动。

② rHome：机器人回位等待程序

选择合适的动作模式，使用示教器摇杆将机器人运动到指定位置作为机器人的空闲等待点，选中"pHome"目标点后修改确定，将机器人的当前位置数据记录下来，如图 4-37 所示。

```
PROC rHome()
    MoveJ pHome, v150, fine, tool1\wobj: = wobj1;
ENDPROC
```

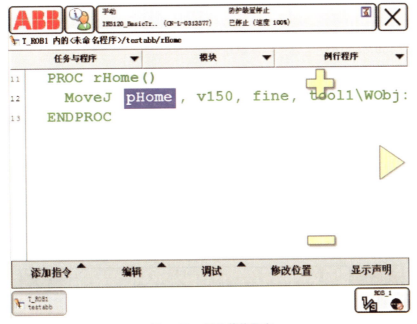

图 4-37　回位等待程序

③ rInitAll：初始化程序

在例行程序 rInitAll 中，加入在程序正式运行前需要做初始化的内容，如速度限定、夹具复位等。如图 4-38 所示，程序只增加两条速度控制的指令（在添加指令列表的 Settings 类别中）和调用了回位等待的例行程序 rHome。

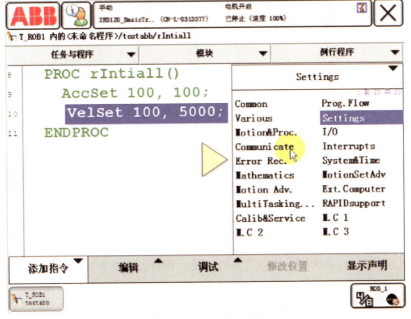

图 4-38　初始化程序

```
PROC rInitAll()
    AccSet 100,100；定义机器人的加速度
    VelSet 100,5000；设定最大的速度与倍率
    rHome；
ENDPROC
```

④ rMoveRoutine:存放直线运动路径程序

选择合适的动作模式,使用示教器摇杆将机器人运动到 p10 点并记录下来,用同样的方法运动到 p20 点并记录下来,如图 4-39 所示。

```
PROC rMoveRoutine()
    MoveJ p10, v200, z1, tool1\wobj: = wobj1；
    MoveL p20, v200, fine, tool1\wobj: = wobj1；
ENDPROC
```

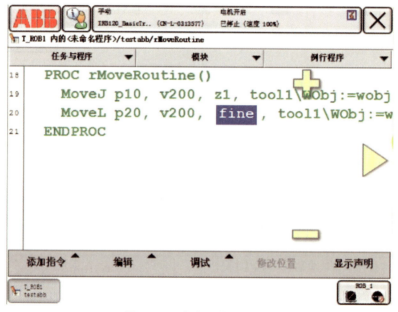

图 4-39　直线运动路径程序

2. 直线微动控制

通过将机器人微调至新位置来修改位置,可以将程序单步至要修改的位置;或直接微调至新位置,并更改指令的相应位置变元。建议将程序单步至该位置,但如果对机器人程序非常熟悉且新位置已确定,则使用微动控制方法更为快捷。需要注意的是,不要使用这个方法更改方向值。

要使用程序编辑器或运行时窗口修改位置,系统必须处于手动模式。要在运行时窗口中修改位置,必须已启动程序,以便对动作指针进行设置。操作步骤如下:

在"ABB"菜单中,单击"程序编辑器",同时停止运行的程序。下面选择单步到此位置或者进行微动控制。如果选择单步,那么步进程序到要更改的位置,确保选择正确的变元。如果选择微动控制,那么使用微动控制视图来确保用于指令的相同工件和工具已选择,移至新的位置。使用

微动控制方法时,单击要更改的位置变元。

在程序编辑器中,单击修改位置。在运行窗口中单击"调试"。然后单击修改位置,弹出"配置"对话框。单击"修改",启用新的位置;单击"取消",保持原始状态。

如图 4-40a 所示,机器人在到达位置 p10 之前停止在路径上。机器人微动控制离开路径到新的位置(p10x),并且位置 p10 被修改。如图 4-40b 所示,机器人停在路径上的位置 p10 处。机器人微动控制离开路径到新的位置(p10x),并且位置 p10 被修改。

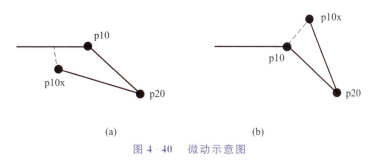

(a)   (b)

图 4-40   微动示意图

在两个示例中,重新启动程序时,机器人从新的 p10(现在与 p10x 相同)直接继续运动至 p20,而不必返回到以前计划的路径(通过旧的 p10)。

▶ 4.2.2   子任务 2   正方形运动控制

1. 任务实施

(1)确定工作要求

机器人空闲时,在位置点 pHome 等待。如果外部信号 di1 输入为 1,那么可以让机器人在正方形中移动,如图 4-41 所示。从 A 点出发,最后回到起点 A,结束以后回到 pHome 点。

(2)完成任务

子任务 2 和子任务 1 动作过程相似,在主程序"main"完成调用初始化程序、原点等待程序、路径执行程序。

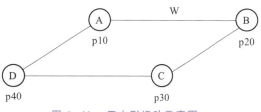

图 4-41   正方形运动示意图

① main:主程序

```
PROC main()
    rInitAll;
    WHILE TRUE DO
        IF di1 = 1 THEN
            rMoveRoutine;
            rHome;
        ENDIF
        WaitTime 0.3;
```

微视频:正方形运动控制

```
    ENDWHILE
  ENDPROC
```

程序首先进入初始化程序进行相关初始化的设置。然后进入 WHILE 的死循环,目的是将初始化程序隔离开。如果 di1＝1,那么机器人执行对应的路径程序。等待 0.3 s 的指令目的是防止系统 CPU 过负荷。

②　rHome:机器人回位等待程序

选择合适的动作模式,使用示教器摇杆将机器人运动到指定位置作为机器人的空闲等待点,选中"pHome"目标点后修改确定,将机器人的当前位置数据记录下来。

```
  PROC rHome()
    MoveJ pHome, v300, fine, tool1\wobj: = wobj1;
  ENDPROC
```

③　rInitAll:初始化程序

在例行程序 rInitAll 中,加入在程序正式运行前需要做初始化的内容,如速度限定、夹具复位等。下面的程序增加两条速度控制的指令(在添加指令列表的 Settings 类别中)和调用了回位等待的例行程序 rHome。

```
  PROC rInitAll()
    AccSet 100,100; 定义机器人的加速度
    VelSet 100,5000; 设定最大的速度与倍率
    rHome;
  ENDPROC
```

④　rMoveRoutine:存放直线运动路径程序

选择合适的动作模式,使用示教器摇杆将机器人运动到 p10 点并记录下来,用同样的方法运动到 p20 点、p30 点、p40 点并记录下来。

```
  PROC rMoveRoutine()
    MoveJ p10, v300, fine, tool1\wobj: = wobj1;
    MoveL p20, v300, fine, tool1\wobj: = wobj1;
    MoveL p30, v300, fine, tool1\wobj: = wobj1;
    MoveL p40, v300, fine, tool1\wobj: = wobj1;
    MoveL p10, v300, fine, tool1\wobj: = wobj1;
  ENDPROC
```

2. 处理位移和偏移值

有时会在若干位置对同一对象或若干相邻工件执行同一路径。为了避免每次都必须为所有位置编程,可以定义一个位移坐标系。这个坐标系还可与搜索功能结合使用,以抵消单个部件的位置差异。位移坐标系基于工件坐标系而定义。

最佳位移方法随位移使用方式、使用时间及使用频率可能各不相同。当移动工件时,如果移动或偏移工件的频率不高,那么可适当移动工件。当偏移工件时,工件由用户框架和工件框架组成。两个框架可单独移动,也可同时移动。如果同时移动两个框架,那么整个工件就会被移动。这个操作可用于使工件框架偏离于用户框架,如一个固定装置用于多个工件时。这样就能保留

用户框架,仅仅偏移工件框架了。当偏移与旋转工件时,如果位移在 X 方向、Y 方向和 Z 方向中,那么可能需要偏移和旋转工件框架,使其偏离用户框架。

定义一个位置作为偏离指定位置的偏移值有时更为容易。例如,如果知道某工件的具体尺寸,那么只需移至一个位置即可。偏移值根据工件在 X 方向、Y 方向和 Z 方向上的位移距离设定。例如:

MoveL (p10, 100, 50, 0), v50, …

使用下列表达式定义该位置的偏移值:

① 原始位置/起点;

② 在 X 方向上的位移;

③ 在 Y 方向上的位移;

④ 在 Z 方向上的位移。

在上述实例中显示移动指令,包括使机器人沿正方形移动的偏移值(顺时针),从 A 点(p10)开始,在 X 方向和 Y 方向上均有 100 mm 位移。

在"程序编辑器"窗口中,单击选择要编辑的位置变元。单击"编辑",然后单击"更改选择"。单击"功能",然后单击"Offs"。单击选择每个表达式<EXP>,然后单击所需的可用数据或功能。也可以单击编辑访问更多功能,单击全部打开软键盘,同时编辑所有表达式,或单击仅限选定内容,使用软键盘一次编辑一个表达式。单击"确定"按钮保存更改。

下面比较 Routine1 和 Routine2 中的操作。Routine1 是功能"Offs"的基于目标点 p10 在 X 方向偏移 100 mm、Y 方向偏移 200 mm、Z 方向偏移 300 mm,Routine2 得到同样的操作结果,但执行效率不如 Routine1。

```
PROC Routine1()
    p20:= Offs(p10, 100, 200, 300);
ENDPROC
PROC Routine2()
    p20:= p10;
    p20.trans.x:= p20.trans.x + 100;
    p20.trans.y:= p20.trans.y + 200;
    p20.trans.z:= p20.trans.z + 300;
ENDPROC
```

3. 拓展练习

设计一运动轨迹为一个长 100 mm、宽 50 mm 的长方形,如图 4-42 所示。

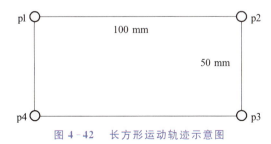

图 4-42　长方形运动轨迹示意图

比较用常规直线运动指令和偏移控制方式来编写实例程序,运动路径程序两种方式见表 4-5,其他程序在此省略。

表 4-5　长方形运动路径程序

编程方法一	编程方法二
MoveL p10, v100, fine, tool1\wobj: = wobj1;	MoveL p10, v100, fine, tool1\wobj: = wobj1;
MoveL p20, v100, fine, tool1\wobj: = wobj1;	MoveL Offs(p10, 100, 0, 0), v100, …
MoveL p30, v100, fine, tool1\wobj: = wobj1;	MoveL Offs(p10, 100, -50, 0), v100, …
MoveL p40, v100, fine, tool1\wobj: = wobj1;	MoveL Offs(p10, 0, -50, 0), v100, …
MoveL p10, v100, fine, tool1\wobj: = wobj1;	MoveL p10, v100, fine, tool1\wobj: = wobj1;

4. 单步执行指令

在所有的操作模式中,程序都可以步进或步退执行。操作时可以按下 FlexPendant 上的"Forward(步进)"按钮或"Backward(步退)"按钮。

步退执行有以下限制:

① 当通过 MoveC 指令执行步退时,程序执行不会在圆周点停止。

② 步退时无法退出 IF、FOR、WHILE 和 TEST 语句。

③ 到达某一例行程序的开头时将无法以步退方式退出该例行程序。

④ 有些影响动作的指令不能以步退方式执行,如 ActUnit、ConfL 和 PDispOn。如果企图执行这些步退操作,那么就会出现一个警告框,告知无法执行此操作。

例如,图 4-43 所示的程序通过动作指令执行步退,程序指针和动作指针可以帮助跟踪 RAPID 的执行位置和机器人的位置。

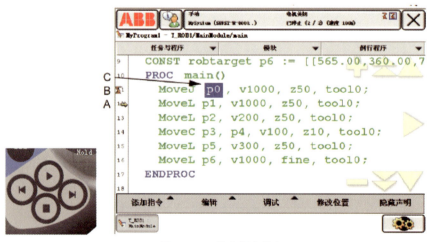

图 4-43　单步指令执行

① "步进"到机器人位于 p5 时,动作指针将指示 p5,程序指针则指明下一条运动指令(MoveL p6)。

② 单击"步退"按钮时,机器人将停止移动,程序指针将移动到上一条指令(MoveC p3,p4)。也就是说,再次单击"步退"按钮时,将执行这条指令。

③ 再次单击"步退"按钮时,机器人将以线性方式移动到p4,速度为v300。移动的目标(p4)取自指令 MoveC。移动的类型(线性)和速度从下一道指令(MoveL p5)获取。动作指针将指示p4,程序指针向上移动到 MoveL p2。

④ 再次单击"步退"按钮时,机器人通过p3迂回移动到p2,速度为v100。移动的目标 p2 从指令 MoveL p2 中得到。移动的类型(迂回)、圆周点(p3)和速度都从指令 MoveC 中得到。动作指针指示 p2,程序指针向上移动到 MoveL p1。

⑤ 再次单击"步退"按钮时,机器人线性移动到 p1,速度为v200。动作指针指示 p1,程序指针向上移动到 MoveJ p0。单击"步进"按钮机器人静止,程序指针移动到后一条指令(MoveL p2)。

⑥ 再次单击"步进"按钮时,机器人线性移动到p2,速度为v200。

4.3　任务3　圆弧运动控制

任务目标

① 掌握圆弧运动控制;

② 掌握备份和恢复系统。

4.3.1　子任务1　圆弧运动控制

1. 任务实施

(1) 确定工作要求

当机器人空闲时,在位置点 pHome 等待。如果外部信号 di1 输入为1,那么可以让机器人做弧线移动,从 p10 点出发过 p20 点到 p30 点结束,结束以后回到 pHome 点,如图 4-44 所示。

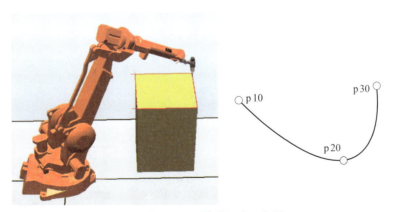

微视频:圆弧
运动控制

图 4-44　圆弧运动示意图

（2）完成任务

先选择合适的动作模式，使用示教器摇杆将机器人运动设定原点 pHome（空闲等待位置）并记录下来；然后运动到圆弧起点 p10、圆弧过渡点 p20 和圆弧终点 p30 并记录下来。

程序首先进入初始化程序进行相关初始化的设置。然后进入 WHILE 的死循环，目的是将初始化程序隔离开。如果 di1＝1，那么机器人执行对应的圆弧路径程序。等待 0.3 s 的指令目的是防止系统 CPU 过负荷。

① main：主程序

```
PROC main()
    rInitAll；
    WHILE True DO
        IF di1 = 1 THEN
            rMoveRoutine；
            rHome；
        ENDIF
        WaitTime 0.3；
    ENDWHILE
ENDPROC
```

② rHome：机器人回位等待程序

```
PROC rHome()
    MoveJ pHome, v300, fine, tool1\wobj: = wobj1；
ENDPROC
```

③ rInitAll：初始化程序

```
PROC rInitAll()
    AccSet 100,100；定义机器人的加速度
    VelSet 100,5000；设定最大的速度与倍率
    rHome；
ENDPROC
```

④ rMoveRoutine：存放圆弧运动路径程序

```
PROC rMoveRoutine()
    MoveJ p10, v300, fine, tool1\wobj: = wobj1；
    MoveC p20, p30, v1000, fine, tool1\wobj: = wobj1；
ENDPROC
```

2. 圆弧微动控制

机器人停在路径上的位置 p20 处，然后微动控制至新的位置 p20x，位置 p20 被修改，如图 4-45 所示。

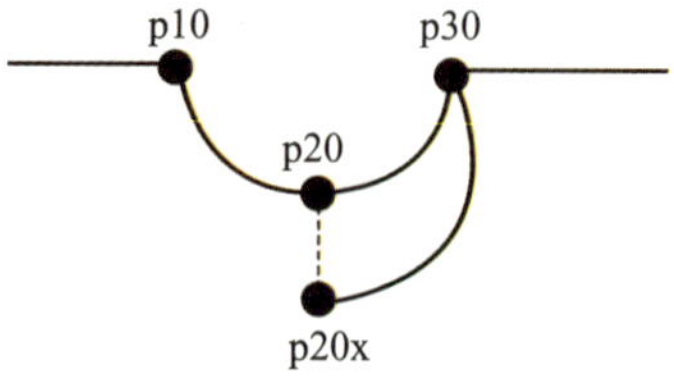

重新启动程序时，机器人直接从新的 p20（现与 p20x 相同）直

图 4-45　圆弧微动控制示意图

接继续运动至 p30，而不必返回至以前计划的路径(通过旧的 p20)。从 p20(p20x)至 p30 的新计划路径使用此两点和位置 p10 来计算。

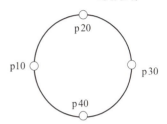

微视频：圆周运动控制

▶ 4.3.2　子任务 2　圆周运动控制

1. 确定工作要求

当机器人空闲时，在位置点 pHome 等待。如果外部信号 di1 输入为 1，那么可以让机器人在圆周中移动，从 p10 点出发圆周运动，到 p30 点完成半圆运动，再继续回到起点 p10，结束以后回到 pHome 点，如图 4-46 所示。

2. 完成任务

因为圆弧运动指令 MoveC 在做圆弧运动时一般不超过 240°，所以一个完整的圆通常使用两条圆弧指令来完成。先完成上半圆，再完成下半圆。

图 4-46　圆周运动示意图

先选择合适的动作模式，使用示教器摇杆将机器人运动设定原点 pHome(空闲等待位置)并记录下来，然后运动到圆周起点 p10 记录下来，再运动到上半圆过渡点 p20 和终点 p30 并记录下来，再运动到下半圆周过渡点 p40 和终点 p10 并记录下来。

① main：主程序

```
PROC main()
    rInitAll;
    WHILE True DO
        IF di1 = 1 THEN
            rMoveRoutine;
            rHome;
        ENDIF
        WaitTime 0.3;
    ENDWHILE
ENDPROC
```

② rHome：机器人回位等待程序

```
PROC rHome()
    MoveJ pHome, v300, fine, tool1\wobj: = wobj1;
ENDPROC
```

③ rInitAll：初始化程序

```
PROC rInitAll()
    AccSet 100,100;定义机器人的加速度
    VelSet 100,5000;设定最大的速度与倍率
    rHome;
ENDPROC
```

④ rMoveRoutine:存放圆周运动路径程序

```
PROC rMoveRoutine()
    MoveJ p10,v300,fine,tool1\wobj:=wobj1;
    MoveC p20,p30,v1000,finevtool1\wobj:=wobj1;
    MoveC p40,p10,v1000,finevtool1\wobj:=wobj1;
ENDPROC
```

按照上述程序运行后,观察圆周运动轨迹是否标准。如果按照4个1/4圆来执行运动轨迹,那么按上述编程方法再执行比较一下。如果还不是标准圆周,那么应考虑如何改进。

▶4.3.3 子任务3 备份与恢复系统

1. 备份系统

什么时候需要恢复系统? ABB建议在安装新RobotWare之前,对指令或参数进行重要更改以使其恢复为先前设置之前,或者对指令或参数进行重要更改并为成功进行新的设置而对新设置进行测试之后执行备份。

单击示教单元"ABB"按钮进入主界面,执行选定目录的"备份与恢复"。再单击"备份当前系统",如图4-47所示。进入后选择"备份文件""备份路径"和"备份被创建在"目录,如图4-48所示。确定后单击"备份"选项。

图 4-47 备份和恢复系统界面

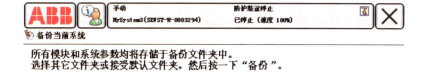

备份文件夹：
Backup_20070118   ABC...

备份路径：
C:/Data/System/MySystem3/BACKUP/   ...

备份将被创建在：
C:/Data/System/MySystem3/BACKUP/Backup_20070118/

备份   取消

备份恢复

图 4-48　备份当前系统界面

（1）要保存的内容

备份功能可保存上下文中的所有系统参数、系统模块和程序模块。数据保存于用户指定的目录中。默认路径可加以设置，目录分为 4 个子目录：backinfo、home、syspar 和 RAPID，如图 4-49 所示。

system.xml 保存在包含用户设置的 ./backup（根目录）中。backinfo 包含的文件有 backinfo.txt、key.id、program.id、system.guid、template.guid 和 keystr.txt。恢复系统时，恢复部分将使用 backinfo.txt，这个文件必须从未被用户编辑过。文件 key.id 和 program.id 由 RobotStudio Online 用于重新创建系统，这个系统将包含与备份系统中相同

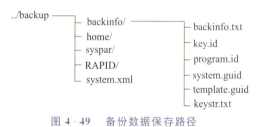

图 4-49　备份数据保存路径

的选项。system.guid 用于识别提取备份的独一无二的系统，system.guid 和 template.guid 用于在恢复过程中检查备份是否加载到正确的系统。如果 system.guid 和 template.guid 不匹配，那么用户将被告知这一情况。

home 目录中包含文件副本。syspar 目录包含配置文件。RAPID 目录中包含每个配置任务的子目录。每个任务有一个程序模块目录和一个系统模块目录。第一个目录将保留所有安装模块。有关加载模块和程序的详细信息，可以参阅 Technical Reference Manual-System Parameters。

（2）不要保存的内容

备份过程中有些东西不会保存，了解这一点至关重要，因为有可能需要单独保存这些东西。备份过程中不会保存的内容包括环境变量 RELEASE 和已安装模块中的 PERS 对象的当前值。其中，环境变量 RELEASE 指出当前系统盘包。使用 RELEASE 加载的系统模块，作为它的路径，不会保存在备份中。

2. 恢复系统

ABB 建议在怀疑程序文件已损坏或者对指令或参数设置所作的任何更改并不理想且打算恢复为先前的设置时执行恢复。在恢复过程中,所有系统参数都会被取代,同时还会加载备份目录中的所有模块。Home 目录将在热启动过程中复制到新系统的 Home 目录。恢复系统按以下进行操作:

单击示教单元"ABB"按钮进入主界面,执行选定目录的"备份与恢复"。单击"恢复系统",如图 4-50 所示。进入选择"备份文件夹",如图 4-51 所示。把先前备份文件打开,单击"恢复"选项执行恢复。恢复执行后,系统自动热启动。屏幕显示选定路径,备份与恢复,然后选择目录。如果已定义默认路径,那么就会显示该默认路径。

图 4-50   备份和恢复系统界面

系统恢复时会进行热启动,对系统参数和模块进行的所有未保存的更改将会丢失。

浏览至要使用的备份文件夹。然后按"恢复"。

备份文件夹:
C:/Data/System/MySystem3/BACKUP/

恢复   取消

图 4-51   恢复系统界面

138

4.4　任务 4　ABB 工业机器人的维修与维护

任务目标

① 掌握 ABB 机器人的拆卸、重新安装；
② 掌握 ABB 机器人的日常维护。

▶ 4.4.1　子任务 1　ABB 工业机器人的维修

1. 拆卸安装机器人部件

在更换 Clean Room 机器人上的部件时，务必确保更换之后在结构和新部件的接缝处不会产生颗粒物且表面仍然易于清洁。

（1）拆卸

① 用小刀切割待拆卸部件与结构接缝处的漆层，以免漆层开裂，如图 4-52 所示。

② 在下臂盖和下臂之间（轴 3 同步带一侧）填充密封胶。事后应清除密封胶，并对表面进行清洁。

③ 仔细打磨结构上残留的漆层毛边，以获得光滑表面。

（2）重新安装

① 在重新装上部件之前，对接缝进行清洁（使用蘸有乙醇的无绒布），使其无油脂。

② 将调整销放入热水中。

③ 用 Sikaflex 521FC 密封所有重新装上的接缝，如图 4-53 所示。

④ 用调整销对 Sikaflex 密封剂表面进行平整，如图 4-54 所示。

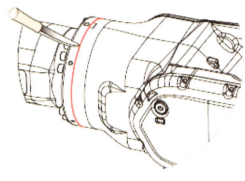

图 4-52　拆卸

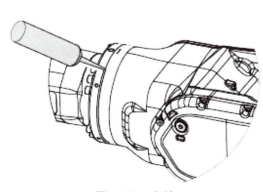

图 4-53　密封

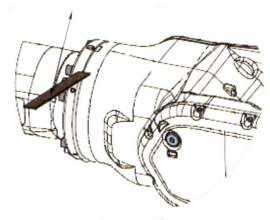

图 4-54　整平

⑤ 等待 15 min,用白色的 Clean Room 修补漆料,为接缝上漆。

（3）拆下电缆线束

机器人在手腕、上臂、下臂、摆动板、基座等部位都有电缆线束。在此以卸除手腕中的电缆束的完整过程举例说明:

① 将轴 5 移到 90°位置处。关闭机器人的所有电力、液压和气压供给,卸下两侧的手腕侧盖,如图 4-55 所示。

② 卸下倾斜盖,如图 4-56 所示。

③ 拧下电机轴 5 上固定夹具的连接螺钉,如图 4-57 所示。

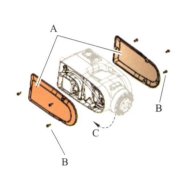
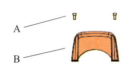

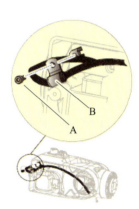

A—手腕侧盖;B—连接螺钉;
C—轴 5 应处在 90°角位置。

图 4-55　卸下手腕侧盖

A—连接螺钉;B—倾斜盖;
C—电机轴 6。

图 4-56　卸下倾斜盖

A—连接螺钉;B—夹具。

图 4-57　拧下轴 5 夹具螺钉

④ 卸下轴 5 上的连接器支座,如图 4-58 所示。

⑤ 卸除手腕壳体(塑料),如图 4-59 所示。

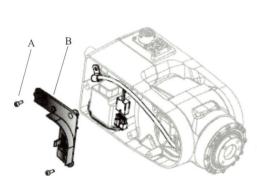
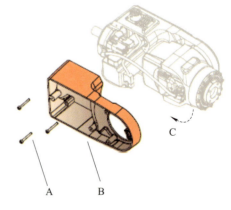

A—连接螺钉;B—连接器支座。

图 4-58　卸下轴 5 连接器支座

A—连接螺钉;B—手腕壳(塑料);C—轴 5 应处在 90°角位置。

图 4-59　卸除手腕壳体

⑥ 卸下连接器盖,如图 4-60 所示。

⑦ 拧下电机轴 6 上固定夹具的连接螺钉,如图 4-61 所示。

断开连接器:R2.MP5 和 R2.ME5(电机轴 5),R2.MP6 和 R2.ME6(电机轴 6)。

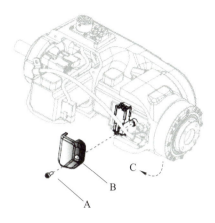

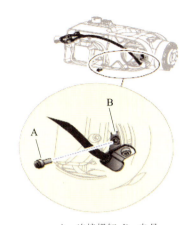

A—连接螺钉;B—连接器盖;C—轴 5 应处在 90°角位置。

图 4-60 卸下连接器盖

A—连接螺钉;B—夹具。

图 4-61 拧下轴 6 夹具螺钉

⑧ 卸下轴 6 上的连接器支座,如图 4-62 所示。

⑨ 拧松固定电机轴 5 的止动螺钉,如图 4-63 所示。

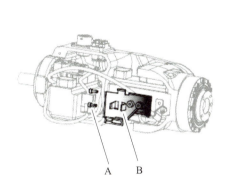

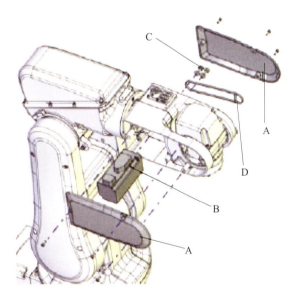

A—连接螺钉;B—连接器支座。

图 4-62 卸下轴 6 连接器支座

A—机械腕盖(2 个);B—轴 5 电机;
C—连接螺钉和垫圈(2+2 个);D—同步带。

图 4-63 拧松轴 5 止动螺钉

⑩ 卸下同步带,卸下电机轴 5,如图 4-64 所示。切掉电缆带,如图 4-65 所示。断开客户触点 R2.CS 和空气软管。

拆下后必须重新安装,过程与拆卸相反,在此不再赘述。

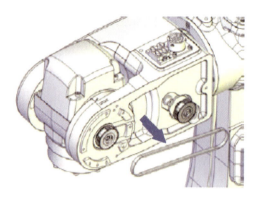

图 4-64　卸下同步带

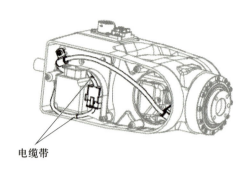

电缆带

图 4-65　切掉电缆带

2. 更换机器人上下臂

上臂和下臂的位置如图 4-66 所示。

（1）卸下上臂

① 将轴 5 移到 90°位置处。关闭机器人的所有电力、液压和气压供给，卸下两侧的手腕侧盖，如图 4-67 所示。

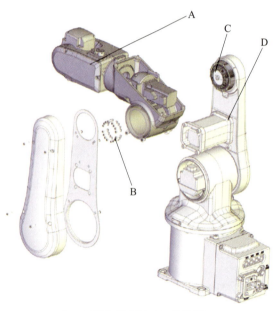

A—上臂（包括手腕）；B—连接螺钉；
C—齿轮箱，轴 3；D—下臂。

图 4-66　上下臂位置图

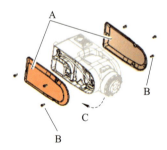

A—手腕侧盖；B—连接螺钉；
C—轴 5 应处在 90°角位置。

图 4-67　卸下手腕侧盖

② 卸除电机轴 5，卸下手腕中的电缆线束，将电缆线束拔出手腕壳，卸除手腕壳体（塑料），如图 4-68 所示。

③ 卸下上臂壳中的电缆线束，拧松电机轴 4 两侧用于固定电缆支架的止动螺钉，如图 4-69 所示。

142

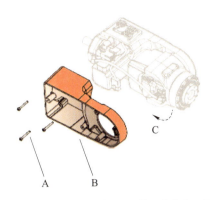

A—连接螺钉;B—手腕壳(塑料);C—轴5应处在90°角位置。

图 4-68 卸下轴 5

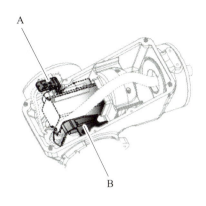

A—电缆支架;B—电缆支架。

图 4-69 拧松轴 4 止动螺钉

④ 卸除机器人两侧的下臂盖,卸除在下臂中的电缆束,如图 4-70 所示。

⑤ 拧松电机盖上固定下臂板的止动螺钉,将电缆线束拔出上臂壳。通过牢固夹持固定上臂,拧下将包含手腕的上臂固定到齿轮箱轴 3 的连接螺钉,卸下上臂,如图 4-71 所示。

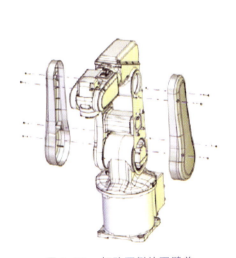

图 4-70 卸除两侧的下臂盖

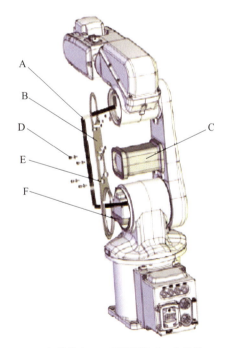

A—电缆线束;B—下臂平板;C—电机盖;
D—连接螺钉(4 个);E—连接螺钉孔(4 个);F—电缆导向装置。

图 4-71 卸下上臂

（2）重新安装上臂

安装上臂和拆卸上臂的工序基本相反,在安装完成后必须重新校准机器人。更换下臂的过程也如同更换上臂,同样,在完成更换下臂后必须重新校准机器人。

对机器人和控制器机柜必须定期进行维护,以确保其功能正常发挥。维护周期及维护内容见表4-6。不可预测的情形也会导致需要对机器人进行检查。必须及时注意任何损坏,检查间隔未明确说明每个组件的使用寿命。

表4-6　维护周期及维护内容

维护类型	设备	周期	注意	关键词
检查	轴1的齿轮,油位	12个月	环境温度<50℃	检查,油位,变速箱1
检查	轴2的齿轮,油位	12个月	环境温度<50℃	检查,油位,变速箱2
检查	轴3的齿轮,油位	12个月	环境温度<50℃	检查,油位,变速箱3
检查	轴4的齿轮,油位	12个月		检查,油位,变速箱4
检查	轴5的齿轮,油位	12个月		检查,油位,变速箱5
检查	轴6的齿轮,油位	12个月	环境温度<50℃	检查,油位,变速箱6
检查	平衡设备	12个月	环境温度<50℃	检查,平衡设备
检查	机器手电缆	12个月		检查动力电缆
检查	轴2~5的节气闸	12个月		检查轴2~5的节气闸
检查	轴1的机械制动	12个月		检查轴1的机械制动
更换	轴1的齿轮油	48个月	环境温度<50℃	更换,变速箱1
更换	轴2的齿轮油	48个月	环境温度<50℃	更换,变速箱2
更换	轴3的齿轮油	48个月	环境温度<50℃	更换,变速箱3
更换	轴4的齿轮油	48个月	环境温度<50℃	更换,变速箱4
更换	轴5的齿轮油	48个月	环境温度<50℃	更换,变速箱5
更换	轴6的齿轮油	48个月	环境温度<50℃	更换,变速箱6
更换	轴1的齿轮	96个月		
更换	轴2的齿轮	96个月		
更换	轴3的齿轮	96个月		
更换	轴4的齿轮	96个月		
更换	轴5的齿轮	96个月		
更换	轴5的齿轮	96个月		
更换	机械手动力电缆	检测到破损或使用寿命到的时候更换		
更换	SMB电池	36个月		
润滑	平衡设备轴承	48个月		

1. 机器人日常检查

（1）制动检查

正常运行前，需检查电机制动。每根轴的电机制动检查方法如下：

① 运行每个机械手的轴到它负载最大的位置。

② 机器人控制器上的电机模式选择开关打到电机关（MOTORS OFF）的位置。

③ 检查轴是否在其原来的位置。如果电机关掉后，机械手仍保持其位置，那么说明制动良好。

（2）失去减速运行（250 mm/s）功能的危险

不要从计算机或者示教器上改变齿轮变速比或其他运动参数，这将影响减速运行（250 mm/s）功能。

（3）安全使用示教器

安装在示教器上的使能设备按钮（Enabling Device），当按下一半时，系统变为电（MOTORS ON）模式；当松开或全部按下按钮时，系统变为电机关（MOTORS OFF）模式。为了安全使用示教器，必须遵循以下原则：编程或调试的时候使能设备按钮不能失去功能。当机器人不需要移动时，应立即松开使能设备按钮。当编程人员进入安全区域后，必须随时将示教器带在身上，避免其他人移动机器人。

（4）在机械手的工作范围内工作

如果必须在机械手工作范围内工作，就需要遵守以下几点：

① 控制器上的模式选择开关必须打到手动位置，以便操作使能设备来断开计算机或遥控操作。

② 当模式选择开关在<250 mm/s 位置时，最大速度限制在 250 mm/s。进入工作区，开关一般都打到这个位置，只有对机器人十分了解的人才可以使用全速（100％full speed）。

③ 注意机械手的旋转轴，当心头发或衣服搅到上面，另外，注意机械手上其他选择部件或其他设备。

④ 检查每根轴的电机制动。

2. 旋转关节的上紧

上紧部分包括机械手或控制器上的旋转接头。

（1）旋转部位的说明和扭矩值只适用于金属部件，不适用于软的易碎的材料

UNBRAKO 是一种由 ABB 推荐的特殊的螺钉，表面经过特殊处理，很耐用。在用到这种螺钉的地方会有说明。这种螺钉不能用其他螺钉替代，否则可能发生事故。

Gleitmo 是一种表面处理方法。经过这种处理后，在拧紧螺栓的时候会减小表面的摩擦。这种螺栓可以重复使用 3～4 次。当表面的覆盖层消失后，必须更换新的。当拧动这种螺栓时，需戴上橡胶手套。

螺栓的润滑油用 Molycote 1000（或其他润滑油），按以下步骤操作：

① 加润滑油在螺栓的螺纹上；

② 加润滑油在螺栓的平垫和螺帽上；

③ M8 以上的螺栓，必须用扳手上紧。

润滑（Molycote 1000）编号（1171 2016‐618）。

（2）检漏测试

当更换或修理电机或变速箱后，必须对变速箱内的润滑油做检查，这就是检漏测试所需设备为专门的检查装置。表4-7是检漏测试方法及步骤。

表 4-7　检漏测试方法及步骤

步骤	方　　法	说　　明
1	按要求完成电机或齿轮的更换	
2	打开齿轮箱顶端的油盖，然后将测漏装置放在上面，可能还需要工具包里的测漏装置调节器	
3	通入压缩空气，然后提高压力到一个特定值	推荐值：20～25 kPa(0.2～0.25 bar)
4	断开压缩空气连接	
5	等待 8～10 min(检查是否有压力损失)	如果压缩空气的温度与齿轮周围润滑油的温度相差太大，或许有轻微的压力增减，这是正常的
6	看压力是否下降明显	
7	用测漏喷嘴对怀疑有泄漏的地方喷射，起泡则说明有泄漏	
8	发现有泄漏，应采取必要的维修措施	

3. 机器人的清洗

清洗时的注意事项如下：

① 宜使用指定的清洁设备。如果用其他的清洁工具，那么可能会损坏外壳上的油漆、标签及一些警告标识。

② 清洗前，应检查机器人各保护盖或保护层是否完好。

③ 不要将水龙头指向轴承密封、接触器或其他密封处。

④ 喷射的距离一定要超过 0.4 m。

⑤ 清洗前千万不要移开任何盖子或保护装置。

⑥ 不要将高压水龙头指向电机的电缆末端的密封处。

⑦ 尽管机器人是防水的，但也要尽量避免将高压水喷到插头或接口处。

⑧ 因为在一些工作环境下，如铸造厂会有一些液体流过，干了之后就形成坚硬的外壳，所以要清洁电缆的保护壳，避免电缆被损坏。

⑨ 用水或帕子清洁电机的电缆。

⑩ 清洁电缆外壳的残留物。

4. 控制器的维护

（1）维护计划表

控制器必须有计划地经常维护，以使其正常工作，维护计划见表4-8。

表 4-8 控制器维护计划表

维护内容	设　备	周　期
检查	控制器	6 个月
清洁	控制器	
清洁	空气过滤器	
更换	空气过滤器	4 000 小时/24 个月
更换	电池	12 000 小时/36 个月
更换	电池	60 个月

（2）检查控制器

在维修控制器或连接到控制器上的其他单元之前，应断开控制器的所有供电电源。控制器或连接到控制器的其他单元内部很多元件都对静电很敏感。如果受静电影响，就有可能损坏。在操作时，请一定要有接地的静电防护装置，如戴特殊的防静电手套等。有的模块或元件装了静电保护扣，用来连接防静电手套，不得弃之不用。检查控制器的步骤见表 4-9。

表 4-9 检查控制器的步骤

步骤	操　作	说　明
1	检查控制器里面，确定里面无杂质。发现杂质，应清除，并检查衬垫和密封	更换密封不良的密封层
2	检查控制器的密封结合处及电缆密封管的密封性，确保灰尘和杂质不会从这些地方吸入	
3	检查插头及电缆连接的地方是否松动、电缆是否有破损	
4	检查空气过滤器是否干净	
5	检查风扇是否正常工作	更换有故障的风扇

（3）清洁控制器

清洁控制器所需的设备包括吸尘器和一般清洁器具（可以用帕子蘸酒精清洁外部）。清洁控制器的操作步骤见表 4-10。

表 4-10 清洁控制器的操作步骤

步骤	操　作	说　明
1	用吸尘器清洁控制器内部	
2	如果控制器里面装有热交换装置，需保持其清洁，这些装置通常在供电电源、计算机模块后面	如果需要，可以先移开这些热交换装置，然后再清洁
3	清洁空气过滤器，清洗比较粗糙的一面（干净空气那面），再翻转清洗 3~4 次	从面对干净空气那面用压缩空气吹干

知识、技能归纳

掌握 ABB 工业机器人软件安装、工作站构建、基本操作和软件指令应用,通过完成直线、圆弧运动等任务学习机器人的基本指令操作,同时在日常使用工业机器人时,一定要注意它的维修和维护。

工程素质培养

读者可以再编写一些简单的动作在虚拟示教器或软件里仿真运行,这样即使没有真实的机器人也能学习,也能完成学习任务。RobotStudio 软件的功能很强大。

互动练习:ABB 工业机器人的维修与维护

第五篇 应用篇——工业机器人技术应用

本篇利用 ABB 公司的机器人仿真软件 RobotStudio 创建两个典型应用案例(搬运、码垛)。利用软件的动画仿真功能在各个工作站中集成了夹具动作、物料搬运、周边设备动作等动画效果,使得机器人工作站高度仿真工作任务和工作场景的真实情况,从而使读者能全面掌握相关工业机器人应用的安装、配置、编程与调试的方法。

5.1 任务 1 工业机器人搬运

任务目标

① 了解工业机器人搬运工作站建立、配置;
② 搬运任务参数设置、软件设定;
③ 搬运任务程序编程与调试。

ABB 机器人在搬运方面有众多成熟的解决方案,在 3C、食品、医药、化工、金属加工、太阳能等领域均有广泛的应用,涉及物流输送、周转、仓储等。采用机器人搬运可大幅度提高生产率、节省劳动力成本、提高定位精度并降低搬运过程中的产品损坏率。图 5-1 所示是分拣锂电池,图 5-2 所示是搬运太阳能电池片。

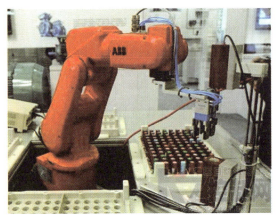

图 5-1 分拣锂电池

图 5-2 搬运太阳能电池片

任务功能简介:

完成一套物件的搬运摆放,竖列放两个,横列放三个。在传输带输送物件,到传输带顶端后,工业机器人工装抓手抓取物件,如图 5-3a 所示;然后搬运竖列摆放到 1 号位置,如图 5-3b 所示;后面第二个物件搬运竖列摆放到2号位置,如图5-3c所示;后面三个物件依次搬运横列摆放位置,如图5-3d所示。这样就完成此次搬运任务。

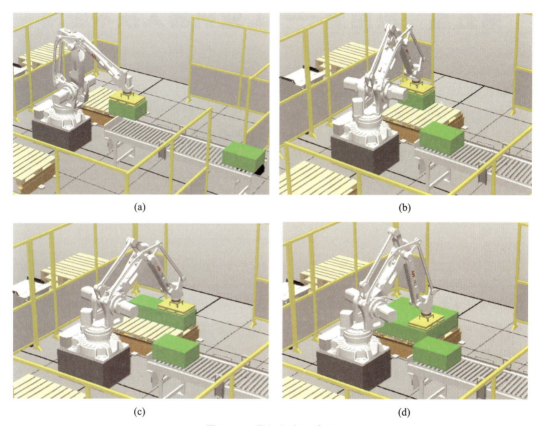

(a)　　　　　　　　　　　　　(b)

(c)　　　　　　　　　　　　　(d)

图5-3　搬运任务示意图

微视频:工业
机器人搬运

1. I/O板配置和信号创建

在本工作站中,要用到的数字输入信号有传送带工件到位信号、加工台工件有无信号、真空反馈信号,数字输出信号有置位真空夹具信号等。此外,还需要设置系统输入、输出信号,如"启动""停止""急停复位"等。

根据上述所需信号选配I/O通信方式。由于信号数量较少,因此可以通过ABB标准I/O板来进行通信,可以选取DSQC651,8进8出以及2个模拟输出。

ABB标准I/O板是下挂在DeviceNet总线上面的,配置比较简单,单元信号配置见表5-1和表5-2。

表5-1　I/O单元配置表

Name	Type of Unit	Connected to Bus	DeviceNet Address
board10	d651	DeviceNet1	10

表 5-2　I/O 信号配置表

Name	Type of Signal	Assigned to Unit	Unit Mapping	信号注释
di00_gjready	Digital Input	board10	0	传送带工件到位
di01_vacuumOk	Digital Input	board10	1	真空吸盘反馈信号
di02_jgtgj	Digital Input	board10	2	加工台工件有无信号
di03_start	Digital Input	board10	3	"外接"开始
di04_stop	Digital Input	board10	4	"外接"停止
di05_estopreset	Digital Input	board10	5	"外接"急停复位
do32_vacuumOpen	Digital Output	board10	32	打开真空

先进行 I/O 板配置(参考第三篇),进入"ABB"主菜单界面。在进入"控制面板"→"配置"→"I/O"后,选择"Unit"进行"添加"设置。参考表 5-1 所示的参数,有 Name、Type of Unit、Connected to Bus、DeviceNet Address 等,如图 5-4 所示。

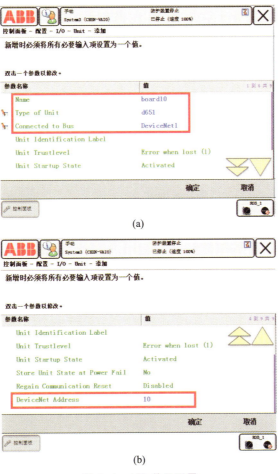

(a)

(b)

图 5-4　I/O 单元配置

再对 I/O 信号进行设置,需要设置 di00_gjready、di01_vacuumOk、di02_jgtgj、di03_start、di04_stop、di05_estopreset、do32_vacuumOpen 等 7 个信号。下面以 di_start 为例说明创建系统输入/输出设置过程。

进入"ABB"主菜单界面,在进入"控制面板"→"配置"→"I/O"后,选择"Signal"进行设置,如图 5-5 所示。

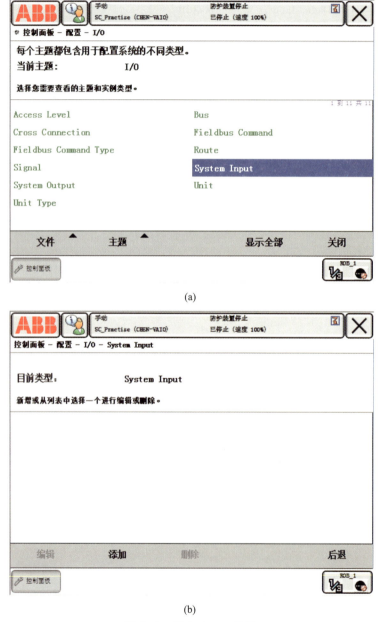

(a)

(b)

图 5-5 进入 Signal 设置

单击"添加"按钮,对参数进行修改。写入"Signal Name",选择"di_start"选项,如图 5-6 所示。

(a)

(b)

图 5-6　Signal 设置

修改"Action"选项的当前值为"Start",如图 5-7 所示。

修改"Argument1"选项的当前值为"Continuous",如图 5-8 所示。

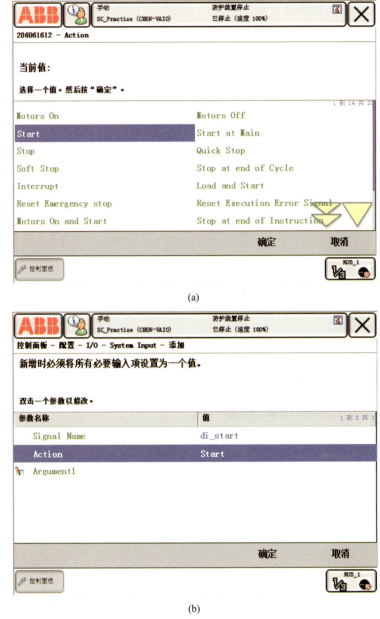

(a)

(b)

图 5-7　Action 属性

2. 创建任务数据

（1）TCP 的设定

一般来说，不同的机器人会配置不同的工具。弧焊机器人使用焊枪作为工具，搬运板材的机器人可用吸盘作为工具。

工件数据 tooldata 用于描述安装在机器人第 6 轴上的 TCP、质量、重心等参数数据。默认工具（tool0）的工具中心点位于机器人安装法兰盘的中心，如图 5-9 所示。

图 5-8　Argument1 属性

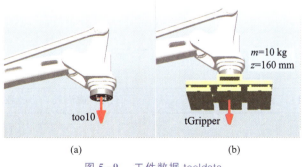

图 5-9　工件数据 tooldata

　　该工作站使用的是真空吸盘夹具,夹具比较规整,可以通过直接指定数值的方式创建工具数据。整个吸盘夹具重 10 kg,相对于 tool0 在 Z 方向偏移了 160 mm。

　　将有效载荷设定为载荷高度 250 mm、长 600 mm、宽 400 mm。下面对工件数据 tooldata 和有效载荷进行设定。

　　进入"ABB"主菜单界面,单击进入"手动操纵"对话框,单击修改"工具坐标"选项的值为"tool0",如图 5-10 所示。

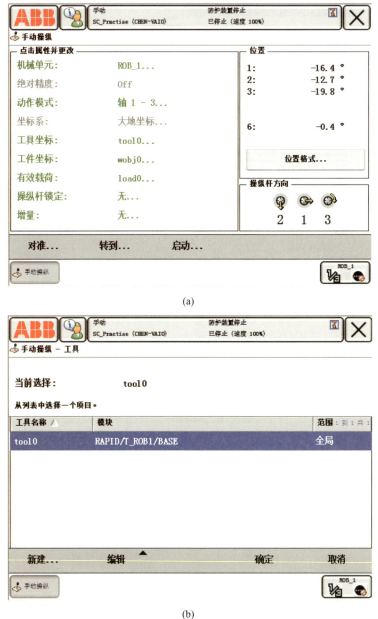

(a)

(b)

图 5-10　进入修改工具坐标

编辑 tool0 数据类型,单击"初始值"进入,如图 5-11 所示。

(a)

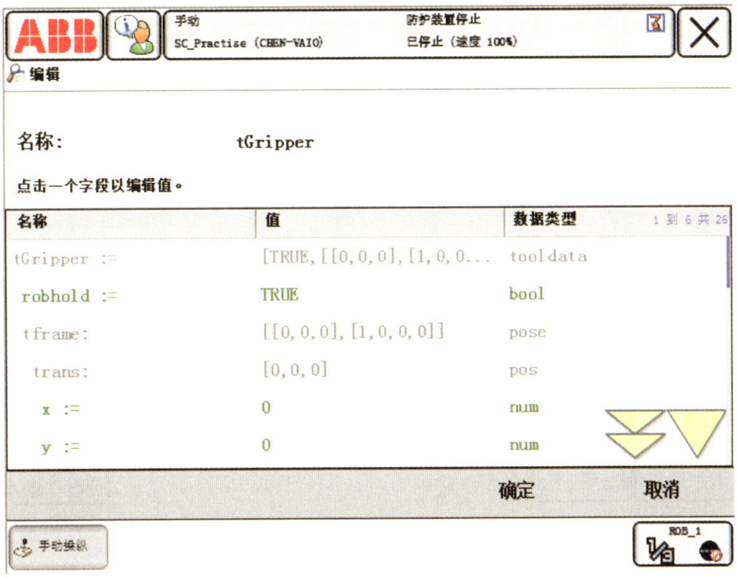

(b)

图 5-11 进入工具数据初始值

对工具数据进行设置,设定 X 坐标、Y 坐标和 Z 坐标以及吸盘夹具重量 mass,如图 5-12 所示。设定完成后单击"确定"按钮,完成工具 tGripper 的编辑。

(2) 工件坐标的设定

工件坐标对应工件,它定义工件相对于大地坐标的位置。机器人可以拥有若干个工件坐标系,用于表示不同工件或者同一工件在不同位置的若干副本。对机器人进行编程就是在工件坐

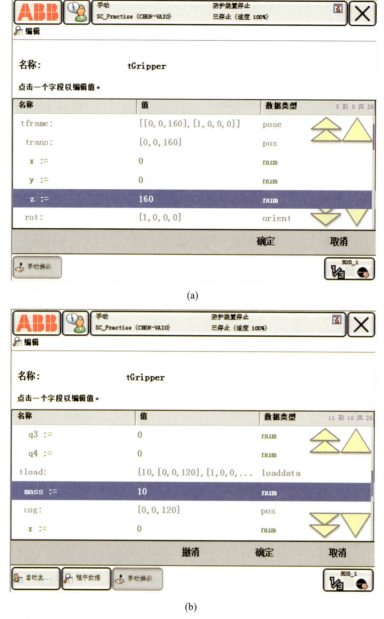

(a)

(b)

图 5 - 12 坐标和夹具设定

标中创建目标和路径。这样,不仅在重新定位工作站中的工件时,只需更改工件坐标的位置,所有路径将即刻随之更新;而且允许操作以外轴或传送导轨移动的工件,因为整个工件可连同其路径一起移动。

只需要定义 3 个点,就可以建立一个工件坐标,如图 5 - 13 所示。其中,X1 点确定工件坐标原点,X2 点确定工件 X 坐标正方向,Y1 点确定工件 Y 坐标正方向。

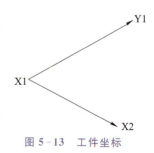

图 5 - 13 工件坐标

下面开始设定工件坐标数据。进入"ABB"主菜单界面,单击进入"手动操纵"对话框,单击修改"工具坐标"选项的值为"tool0"。单击进入工件坐标 wobj0(全局),新建工件坐标数据名称 wobjcnv(任务),如图 5-14 所示。

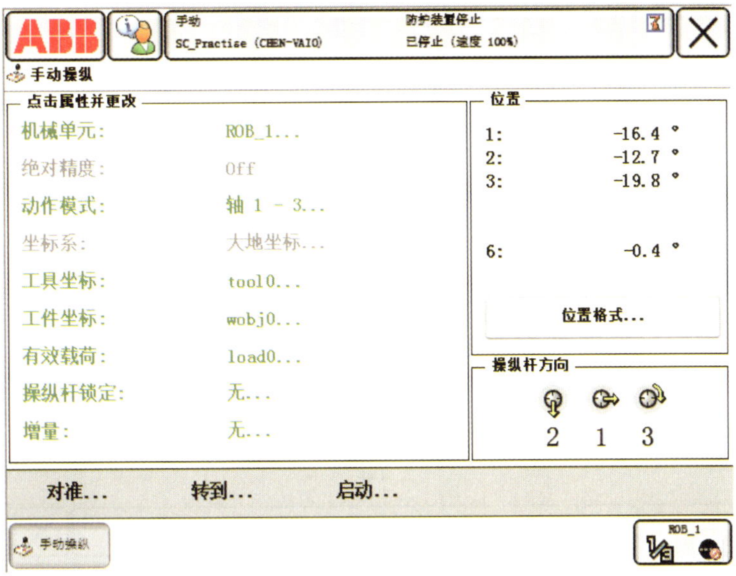

(a)

(b)

图 5-14　新建任务工件坐标

编辑新建 wobjcnv 工件坐标,单击"定义"选项,修改"用户方法"选项的值为"3 点",如图 5-15 所示,单击"确定"按钮退出。

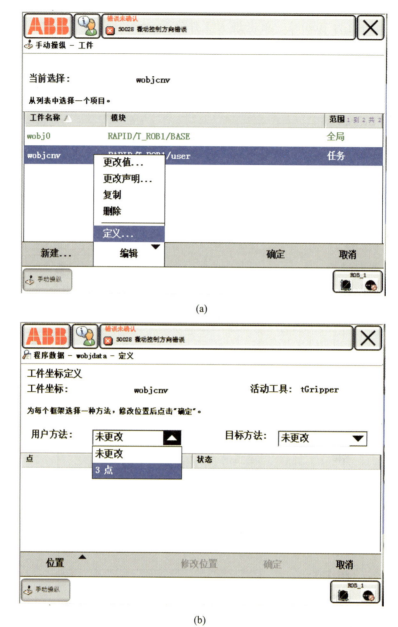

(a)

(b)

图 5-15　工件坐标定义

　　单击"修改位置"按钮,通过手动操纵的方式,逐一确定用户点 X1、X2、Y1,如图 5-16 所示。位置修改后如图 5-17 所示,显示 X1、X2、Y1 的状态为"已修改"。

　　下面对有效载荷进行设定。进入"ABB"主菜单界面,单击进入"手动操纵"对话框,单击有效载荷"load0"。新建有效载荷名称 loadFull(任务),创建后单击进入进行编辑,如图 5-18 所示,单击"确定"按钮退出。

图 5-16　用户点操纵示意图

图 5-17　修改后用户点

3. 示教创建目标点

在本任务工作站中，需要示教初始点、抓取点和摆放点等 3 个目标点。其中，每个搬运过程初始点和抓取点不变，在摆放不同位置时可以示教多个摆放点。通过单轴运动和线性运动对机器人 3 个点进行示教，如图 5-19 所示。

4. 机器人任务程序设计

（1）机器人程序框架搭建

对机器人位置动作进行初始化，检测传输带是否有工件。如果没有工件，那么机械手继续等待；如果有工件，那么检测工作台是否有工件；如果工作台没有工件，那么机械手把现工件搬运到工作台返回；如果工作台有工件，那么机械手等待工件被取走后再搬运。主程序框架如图 5-20所示。

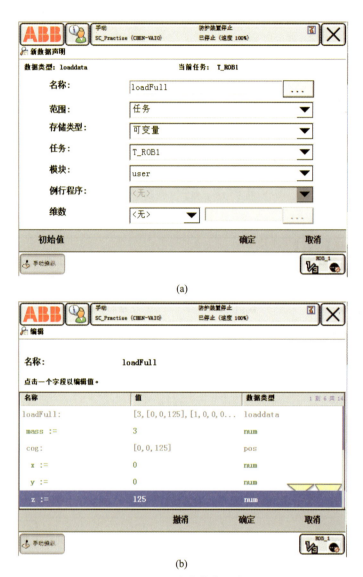

(a)

(b)

图 5-18　有效载荷设定

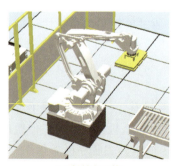

(a) 初始点示教

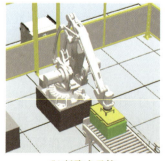

(b) 抓取点示教

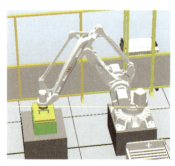

(c) 摆放点示教

图 5-19　创建示教点

（2）机器人程序设计

① 主程序设计

```
PROC main()
    rInitAll；
    WHILE True DO
        IF di02_jgtgj = False THEN
            rPick；
            rPlace；
        ELSE
            WaitTime 0.3；
        ENDIF
    ENDWHILE
ENDPROC
```

② 初始化子程序设计

初始化子程序完成机器人回到原始位置，真空吸盘停止工作功能。

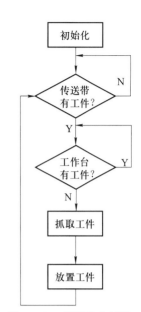

图 5-20　搬运程序框架

```
PROC rInitAll()
    MoveJ pHome,v500,fine,tGripper\wobj：= wobj0；
    Reset do32_vacuumOpen；
ENDPROC
```

③ 抓取工件子程序设计

抓取工件子程序完成抓取工件动作。当传送带有工件且工作台无工件时，机器人快速运行至抓取位置上方 300 mm 处，打开真空，慢速移动至抓取点，抓取工件，待接收到真空吸盘反馈信号后，移动到抓取点位置上方 300 mm 处。

抓取和放置动作在程序编写过程中，常用的运动控制指令有 MoveL、MoveJ、MoveC 和 MoveAbsJ。

```
PROC rPick()
    MoveJ Offs(pPick,0,0,300),v2000,z50,tGripper\wobj：= wobj0；
    WaitDI di02_jgtgj,0；
    WaitDI di02_gjready,1；
    MoveL pPick,v500,fine,tGripper\wobj：= wobj0；
    Set do32_vacuumOpen；
    WaitDI di01_vacuumOk,1；
    MoveL Offs(pPick,0,0,300),v500,fine,tGripper\wobj：= wobjcsd；
ENDPROC
```

④ 放置工件子程序设计

放置工件子程序完成放置工件动作，将工件放置在工作台上。

163

机器人抓取工件后快速移动至放置位置点上方 300 mm 后低速移动至放置位置点,关闭真空,放置工件后延时 1 s 回到位置点上方 300 mm 处。

```
PROC rPlace()
    MoveJ Offs(pPlace,0,0,300),v2000,z50,tGripper\wobj: = wobj0;
    MoveL pPlace,v500,fine,tGripper\wobj: = wobj0;
    Reset do32_vacuumOpen;
    WaitTime 1;
    MoveL Offs(pPlace,0,0,300),v500,z50,tGripper\wobj: = wobj0;
ENDPROC
```

5.2　任务 2　工业机器人码垛

任务目标

① 了解码垛的应用和算法;
② 掌握码垛任务工作站的创建和配置;
③ 掌握码垛任务机器人程序编写与调试。

码垛指将形状基本一致的产品按一定的要求堆叠起来。码垛机器人的功能是把料袋或者料箱一层一层码到托盘上,如图 5-21 所示。本设备用于化工、饮料、食品、啤酒、塑料等自动生产企业,对纸箱、袋装、罐装、啤酒箱等各种形状的包装都适应。

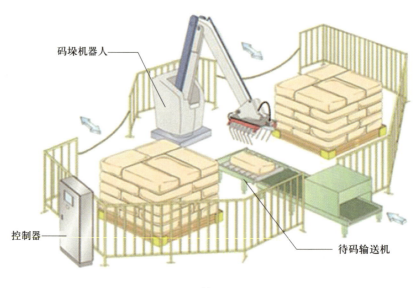

(a)

(b)

图 5-21 机器人码垛应用

任务功能简介：

本任务选择 IRB 460 工业机器人对通过传输线输送来的纸箱进行左右两个输出工位码垛操作，如图 5-22 所示。纸箱长 600 mm，宽 250 mm，高 400 mm。码垛机器人除了完成搬运任务外，还要将工件有规律地摆放在托盘上。

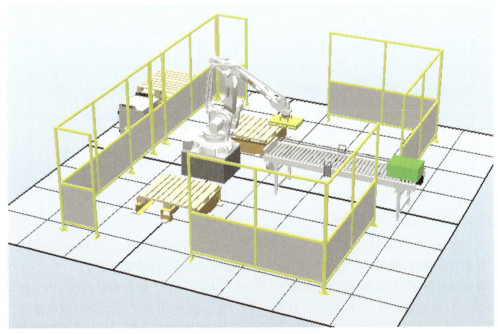

图 5-22 码垛仿真环境

码垛摆放要求如图 5‑23 所示,奇数层码垛要求如图 5‑24a 所示,偶数层码垛要求如图 5‑24b 所示,并依次有规律地进行叠加。

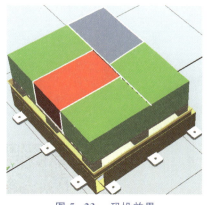

图 5‑23　码垛效果

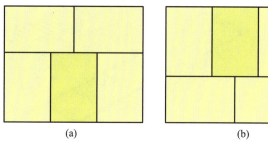

(a)　　　　　　　(b)

图 5‑24　码垛单双层

1. 码垛位置的算法

以任务 1 中已经完成了第一层码垛为例,IRB 460 机器人在将工件从输送线位置搬运至位置1,需要对抓取点和位置1这两个位置点进行示教。1 层 5 个工件需要示教 5 个点,10 层需要 50 个点。那么,是否可以找出其中规律,减少点呢?可以发现,位置 2 是在位置 1 的基础上,在 X 正方向偏移了 1 个纸箱的宽度,也就是 250 mm;位置点 3 同样偏移了 250 mm。因此,有了位置1,位置 2 和位置3 就能通过运算得到。同样,对位置点 4 进行示教后,位置 5 也能得到,如图 5‑25 所示。

第二层码垛需要进行位置 6 和位置 8 的示教。其余位置点通过运算得到,如图 5‑26 所示。其余层数只需要在第一层和第二层基础上,在 Z 轴正方向上面叠加相应的产品高度即可完成。

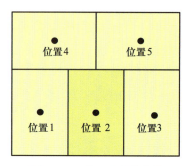

图 5‑25　第一层摆放位置

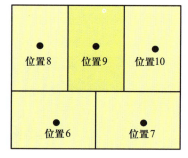

图 5‑26　第二层摆放位置

2. I/O 板配置和信号创建

在本工作站中,需要用到的数字输入信号有传送带工件到位信号、真空反馈信号等。此外,还需要设置系统输入、输出,如"启动""停止""急停复位""打开真空"等。

在虚拟示教器中,要根据所需信号选配 I/O 通信方式。由于信号数量较少,因此可以通过 ABB 标准 I/O 板来进行通信,可以选取 DSQC652。数字信号 16 进 16 出,没有模拟输出。

ABB 标准 I/O 板是下挂在 DeviceNet 总线上面的,配置比较简单。单元信号配置见表 5‑3 和表 5‑4。

表 5-3   I/O 单元配置表

Name	Type of Unit	Connected to Bus	DeviceNet Address
board10	d652	DeviceNet1	10

表 5-4   I/O 信号配置表

Name	Type of Signal	Assigned to Unit	Unit Mapping	信号注释
diBoxInPos	Digital Input	board10	0	传送带工件到位
di01_vacuumOk	Digital Input	board10	1	真空吸盘反馈信号
di03_start	Digital Input	board10	3	"外接"开始
di04_stop	Digital Input	board10	4	"外接"停止
di05_estopreset	Digital Input	board10	5	"外接"急停复位
doGripper	Digital Output	board10	32	打开真空

I/O 板的配置和 I/O 信号的配置参考本篇任务 1 搬运应用。

进入"ABB"主菜单界面。在进入"控制面板"→"配置"→"I/O"后,选择"Unit"进行"添加"设置。参考表 5-3 所示的内容设置参数,有 Name、Type of Unit、Connected to Bus、DeviceNet Address 等。再对 I/O 信号进行设置,进入"ABB"主菜单界面,在进入"控制面板"→"配置"→"I/O"后,选择"Signal"进行设置,有 diBoxInPos、di01_vacuumOk、di03_start、di04_stop、di05_estopreset、doGripper 等 6 个信号需要设置。

3. 创建任务数据

(1) TCP 的设定

本应用中,工件坐标系均采用用户三点法创建。在虚拟示教器中,根据图 5-27 所示的位置设定工件坐标系。如果要完成左右两个托盘的码垛,就要对左右托盘的码垛建立两个工件坐标系。X 轴、Y 轴和 Z 轴统一规定方向,分别定义工件坐标系 wobjPallet-L 和 wobjPallet-R。

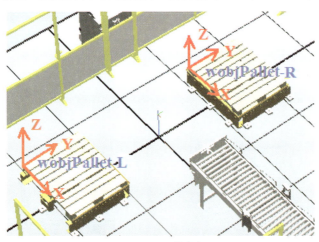

图 5-27   工件坐标系

（2）创建载荷数据

在虚拟示教器中，根据以下参数设定载荷数据 LoadFull：载荷高度 250 mm、长度 600 mm、宽度 400 mm。设置方法参考任务 1 搬运应用。

有效的负载数据需根据实际的重量以及抓件的重心进行设定，这样能让机器人运行起来更加平稳。IRB 460 码垛机器人没有重心检测功能，参数数值见表 5-5，虚拟示教器设置如图 5-28 所示。

表 5-5　负荷数据

参数名称		参数数值
mass		3
cog	x	0
	y	0
	z	125

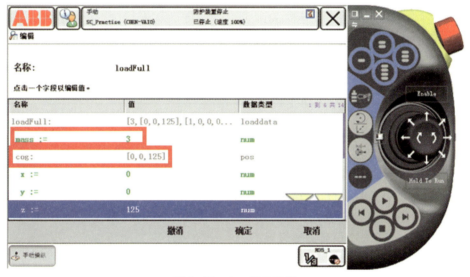

图 5-28　LoadFull 设置

4. 示教创建目标点

在本任务工作站中，需要示教原点 pHome、抓取点 pPick、右侧旋转 90°点 pPlaceBase90 和右侧不旋转点 pPlaceBase0 等 4 个目标点，分别如图 5-29～图 5-32 所示。

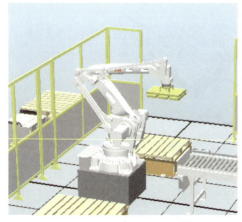

图 5-29　原点 pHome 示教

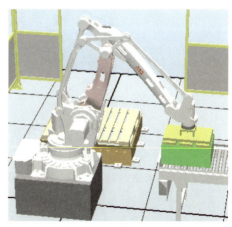

图 5-30　抓取点 pPick 示教

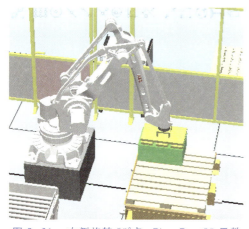

图5-31 右侧旋转90°点 pPlaceBase90 示教

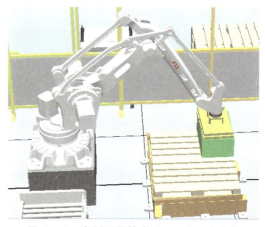

图5-32 右侧不旋转点 pPlaceBase0 示教

5. 机器人任务程序设计

（1）机器人程序框架搭建

下面以一层的码垛为例说明码垛的过程，程序框图如图5-33所示。在执行初始化程序后，检测托盘是否放满。若托盘不满，则继续抓取工件。根据码垛要求放置的位置放置工件。码垛计数不满的继续延时循环运行，计数满后就程序结束。

（2）机器人程序设计

① 手动示教目标点程序

在程序中新建一个 rModify 的子程序用于手动示教目标点。

```
PROC rModify()
    MoveL pHome,v1000,fine,tGripper\wobj: = wobj0;
    MoveL pPick,v1000,fine,tGripper\wobj: = wobj0;
    MoveL pPlaceBase0,v1000,fine,tGripper\wobj: =
        wobj0;
    MoveL pPlaceBase90,v1000,fine,tGripper\wobj:
        = wobj0;
ENDPROC
```

② 主程序设计

```
PROC main()
    rInitAll;
    WHILE True DO
        IF bPalletFull = False THEN
            Reset STE6;
            rPick;
```

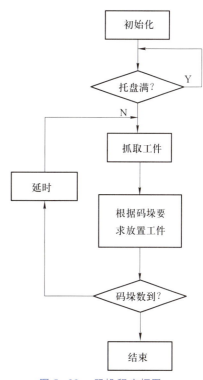

图5-33 码垛程序框图

初始化

托盘满？ —Y

N

抓取工件

延时

根据码垛要求放置工件

码垛数到？

结束

```
            Set MoveBox；
            rPlace；
            IF nCount = 6 THEN
                ExitCycle；
            ENDIF
            ELSE
                WaitTime 0.3；
        ENDIF
    ENDWHILE
ENDPROC
```

③ 初始化子程序设计

```
PROC rInitAll()
    pActualPos：= CRobT(\tool：= tGripper)；
    pActualPos.trans.z：= pHome.trans.z；
    MoveL pActualPos,v500,fine,tGripper\wobj：= wobj0；
    MoveJ pHome,v500,fine,tGripper\wobj：= wobj0；
    bPalletFull：= False；
    nCount：= 1；
    Set STE6；
    Reset STE1；
    Reset STE2；
    Reset STE3；
    Reset STE4；
    Reset STE5；
    Reset doGripper；
ENDPROC
```

④ 抓取子程序设计

在传送带工件坐标系中建立抓取子程序 rPick，子程序功能为机器人手爪移动至抓取点上方 300 mm 处。等待工件到位，然后移动至抓取点。打开真空，待接收到真空反馈信号后，移动至抓取点上方 300 mm 处。

```
PROC rPick()
    MoveJ Offs(pPick,0,0,300),v2000,z50,tGripper\wobj：= wobjcsd；
    WaitDI diBoxInPos,1；
    MoveL pPick,v500,fine,tGripper\wobj：= wobjcsd；
    Set doGripper；
    Reset MoveBox；
    WaitDI diVacuumOK,1；
    MoveL Offs(pPick,0,0,300),v500,fine,tGripper\wobj：= wobjcsd；
```

```
ENDPROC
```

⑤ 放置子程序

调用子程序 rPosition 计算放置位置点,移动至放置位置点上方 300 mm 后低速移动至放置位置点。关闭真空,放置工件后延时 1 s 回到位置点上方 300 mm 处。

```
PROC rPlace()
    rPosition;
    MoveJ Offs(pPlace,0,0,300),v2000,z50,tGripper\wobj: = wobjPallt_L;
    MoveL pPlace,v500,fine,tGripper\wobj: = wobjPallt_L;
    Reset doGripper;
    rPlaceBox;
    WaitTime 1;
    MoveL Offs(pPlace,0,0,300),v500,z50,tGripper\wobj: = wobjPallt_L;
    rPlaceRD;
ENDPROC
```

⑥ 计数程序设计

rPlaceRD 子程序用于将当前码垛工件数加 1,如达到最大码垛数则完成码垛。

```
PROC rPlaceRD()
    Incr nCount;
    IF nCount> = 11 THEN
        nCount: = 1;
        bPalletFull: = True;
        MoveJ pHome,v1000,fine,tGripper\wobj: = wobjPallt_L;
    ENDIF
ENDPROC
```

⑦ 计算放置点程序设计

rPosition 计算放置的位置点。

```
PROC rPosition()
    TEST nCount
    CASE 1:pPlace: = RelTool(pPlaceBase,0,0,0\Rz: = 0);
    CASE 2:pPlace: = RelTool(pPlaceBase, - 600,0,0\Rz: = 0);
    CASE 3:pPlace: = RelTool(pPlaceBase,100, - 500,0\Rz: = 90);
    CASE 4:pPlace: = RelTool(pPlaceBase, - 300, - 500,0\Rz: = 90);
    CASE 5:pPlace: = RelTool(pPlaceBase, - 700, - 500,0\Rz: = 90);
    CASE 6:pPlace: = RelTool(pPlaceBase,100, - 100, - 250\Rz: = 90);
    CASE 7:pPlace: = RelTool(pPlaceBase, - 300, - 100, - 250\Rz: = 90);
    CASE 8:pPlace: = RelTool(pPlaceBase, - 700, - 100, - 250\Rz: = 90);
    CASE 9:pPlace: = RelTool(pPlaceBase,0, - 600, - 250\Rz: = 0);
    CASE 10:pPlace: = RelTool(pPlaceBase, - 600, - 600, - 250\Rz: = 0);
```

```
DEFAULT:
    Stop;
ENDTEST
```
ENDPROC

⑧ 位置点示教程序设计

rModify 用于位置点示教。

```
PROC rModify()
    MoveL pHome,v1000,fine,tGripper\wobj: = wobj0;
    MoveL pPick,v1000,fine,tGripper\wobj: = wobj0;
    MoveL pPlaceBase,v1000,fine,tGripper\wobj: = wobj0;
ENDPROC
```

上述程序完成了一层码垛的摆放,读者可以自己尝试多层码垛的程序设计调试。注意前面单双层的摆放原则,在选取示教目标点时要仔细。选取了这么多的示教目标点,记录储存有什么好方法?下面学习利用数组来储存码垛位置。

6. 利用数组储存码垛位置

对于一些常见的码垛垛型,可以利用数组来存放各个摆放位置数据,在放置程序中直接调用该数据即可。

什么是数组?在定义程序数据时,可以将同种类型、同种用途的数值存放在同一个数据中。当调用该数据时需要写明索引号来制订调用的是该数据中的哪个数值,这就是数组。在 RAPID 程序中,可以定义一维数组、二维数组和三维数组。

例如,一维数组:

VAR num num1{3}: = [5,7,9];

! 定义一维数组 num1

num2 = num1{2};

! num2 被赋值为 7

例如,二维数组:

```
VAR num num1{3,4}: = [[1,2,3,4],
                      [5,6,7,8],
                      [9,10,11,12]];
```

! 定义二维数组 num1

num2 = num1{3,2};

! num2 被赋值为 10

在程序编写的过程中,如果需要调用大量的同种类型、同种用途的数据,那么创建数据时可以利用数组来存放这些数据,这样便于在编程过程中对其进行灵活调用。甚至在大量 I/O 信号调用过程中,也可以先将 I/O 信号进行别名的操作。即将 I/O 信号与信号数据关联起来,之后将这些信号数据定义为数组类型,在程序编写中便于对同种类型、同种用途的信号进行调用。

图 5-34 所示的是本任务摆放码垛第一层的 5 个位置。只需示教一个基准位置点 p1(位置 1)之后就能创建一个数组,用于存储 5 个摆放位置。

PERS num nPosition{5,4}:=[[0 ,0,0,0],[600,0,0,0],
                    [-100,500,0,-90],
                    [300,500,0,-90],
                    [700,500,0,-90]];

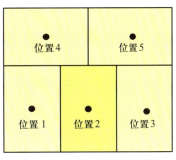

图 5-34　第一层摆放位置

该数组中共有 5 组数据,分别对应 5 个摆放位置;每组数据中有 4 项数值,分别代表 X 偏移值、Y 偏移值和 Z 偏移值以及旋转度数。该数组中的各项数值只需按照几何算法算出各摆放位置相对于基准点 p1(位置 1)的 X 偏移值、Y 偏移值和 Z 偏移值以及旋转度数(产品长为 600 mm,宽为 400 mm)即可。

PERS num nCount:=1;

! 定义数字型数据,用于产品计数

PROC rPlace()

　　…

　　MoveL RelTool(p1, nPosition{nCount,1}, nPosition{nCount,2}, nPosition{nCount,3}\Rz:=nPosition{nCount,4}, v1000, fine, tGripper\WobjPallet_L;

　　…

ENDPROC

调用该数组时,第一项索引号为产品计数 nCount。利用 RelTool 功能将数组中每组数据的各项数值分别叠加到 X 偏移值、Y 偏移值和 Z 偏移值,以及绕着工具 Z 轴方向选择的度数之上,即可较为简单地实现位置的计算。

7. 码垛节拍优化技巧

在码垛过程中,最为关注的是每一个运行周期节拍。在码垛程序中,通常可以在以下 6 个方面进行节拍的优化。

① 在机器人运行轨迹中,经常会有一些中间过渡点,即在该位置机器人不会具体触发事件,如拾取正上方位置点、放置正上方位置点、为绕开障碍物而设置的一些位置点。在运动至这些位置点时应将转弯半径设置得相应大一些,这样可以减少机器人在转角时的速度衰减,同时也可使机器人运行轨迹更加圆滑。

例如,在拾取放置动作过程中,机器人在拾取和放置之前需要先移动至其正上方处,之后竖直上下对工件进行拾取放置动作,如图 5-35 所示。程序如下:

MoveJ pPrePick, vEmptyMax, z50, tGripper;

MoveL pPick, vEmptyMin, fine, tGripper;

Set doGripper;

…

MoveJ pPrePlace, vLoadMax, z50, tGripper;

MoveL pPlace, vLoadMin, fine, tGripper;

Reset doGripper;

…

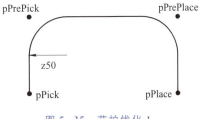

图 5-35　节拍优化 1

工业机器人应用技术

在机器人 TCP 运动至 pPrePick 和 pPrePlace 点位的运动指令中写入转弯半径 z50，这样机器人可在此两点处以半径为 50 mm 的轨迹圆滑过渡，速度衰减较小。在满足轨迹要求的前提下，转弯半径越大，运动轨迹越圆滑。但是，因为在 pPick 和 pPlace 点位处需要置位夹具动作，所以一般情况下使用 fine，即完全到达该目标点处再置位夹具。

② 善于运用 Trigg 触发指令，即要求机器人在准确的位置触发事件。例如，真空夹具的提前开真空、释放真空、带钩爪夹具对应钩爪的控制均可采用触发指令，这样能够在保证机器人速度不衰减的情况下在准确的位置触发相应的事件。再如，在真空吸盘式夹具对产品进行拾取过程中，一般情况下，拾取前需要提前打开真空，这样可以减少拾取过程的时间。在此案例中，机器人需要在拾取位置前 20 mm 处将真空完全打开，夹具动作延时时间为 0.1 s，如图 5-36 所示。程序如下：

```
VAR triggdata VacuumOpen;
...
MoveJ pPrePick, vEmptyMax, z50, tGripper;
TriggEquip VacuumOpen,20, 0.1\DOp: = doVacuumOpen, 1;
TriggLpPick, vEmptyMin, VacuumOpen, fine, tGripper;
...
```

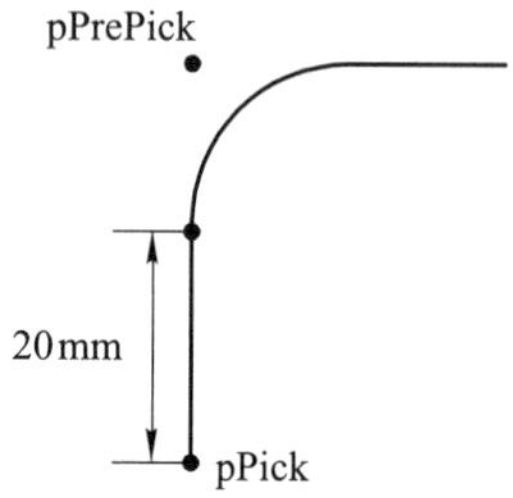

当机器人 TCP 运动至拾取点位 pPick 之前 20 mm 处已将真空完全打开，这样可以快速地在工件表面产生真空，从而将产品拾取，减少了拾取过程的时间。

图 5-36　节拍优化 2

③ 程序中尽量少使用 Waittime 固定等待时间指令，可在夹具上面添设反馈信号，利用 WaitDI 指令，当等待到条件满足则立即执行。

例如，在夹取产品时，一般预留夹具动作时间。若设置等待时间过长，则降低节拍；若设置等待时间过短，则可能夹具未运动到位。若用固定的等待时间 Waittime，则不容易控制，也可能增加节拍。此时，若利用 WaitDI 监控夹具到位反馈信号，则便于对夹具动作的监控及控制。对于图 5-35 所示的例子，程序如下：

```
MoveJ pPick, vEmptyMin, fine, tGripper;
Set doGripper;
(Waittime 0.3)
WaitDI diGripClose, 1;
...
MoveJ pPlace, vLoadMin, fine, tGripper;
Reset doGripper;
(Waittime 0.3)
WaitDI diGripOpen,1;
...
```

在置位夹具动作时，若没有夹具动作到位信号 diGripOpen 和 diGripClose，则需要强制预留夹具动作时间 0.3 s。因为这样既不容易对夹具进行控制，也容易浪费时间，所以建议在夹具端配置动作到位检测开关，之后利用 WaitDI 指令监控夹具动作到位信号。

④ 在某些运行轨迹中，若机器人的运行速度设置过大，则容易触发过载报警。在整体满足机

器人载荷能力要求的前提下,此种情况多是由于未正确设置夹具重量和重心偏移以及产品重量和重心偏移所致。此时需要重新设置该项数据。若夹具或产品形状复杂,则可调用例行程序LoadIdentify,让机器人自动测算重量和重心偏移。同时,也可利用 AccSet 指令来修改机器人的加速度,在易触发过载报警的轨迹之前利用此指令降低加速度,之后再将加速度加大。例如,程序如下:

```
MoveL pPick, vEmptyMin, fine, tGripper;
Set doGripper;
WaitDI diGripClose, 1;
AccSet 70,70;
…
MoveL pPlace; vLoadMin, fine, tGripper;
Reset doGripper;
WaitDI diGripOpen, 1;
AccSet 100, 100;
…
```

在机器人有负载的情况下,利用 AccSet 指令将加速度减小,在机器人空载时再将加速度加大,这样可以减少过载报警。

⑤ 在运行轨迹中,通常会添加一些中间过渡点以保证机器人能够绕开障碍物。在保证轨迹安全的前提下,应尽量减少中间过渡点的选取,删除没有必要的过渡点,这样机器人的速度才能提高。如果两个目标点之间离得较近,且机器人还未加速至指令中所写速度就开始减速,这种情况下机器人指令中写的速度即使再大,也不会明显提高机器人的实际运行速度。

例如,如图 5-37 所示,机器人从 pPick 点运动至 pPlace 点时需要绕开中间障碍物并添加中间过渡点。此时应在保证不发生碰撞的前提下尽量减少中间过渡点的个数,规划中间过渡点的位置;否则,点位过于密集,不易提升机器人的运行速度。

⑥ 整个机器人码垛系统要合理布局,使取件点与放件点尽可能靠近。此外,还要优化夹具设计,尽可能减少夹具开合时间、减轻夹具重量

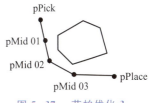

图 5-37 节拍优化 3

并缩短机器人上下运动的距离。对不需保持直线运动的场合,用 MoveJ 指令代替 MoveL 指令。此时,需事先低速测试,以保证机器人运动过程中不与外部设备发生干涉。

知识、技能归纳

掌握 ABB 工业机器人基本应用,通过搬运和码垛两个任务尝试完整的工作站建立、I/O 配置、系统数据创建、工作点创建、程序设计与调试等,引入数组等优化设计方法,也为后续项目工业机器人的综合应用做好铺垫。

工程素质培养

对于搬运和码垛两个工业现场最常用任务,读者已经会仿真运行了。请读者收集一些实际应用中的案例,寻找实际设备中需要考虑的问题。例如,对于不同重量、不同抓手、不同货物,实际应用如何解决。

第六篇 综合篇——工业机器人综合应用

在软件 RobotStudio 仿真中操练了让机器人动起来，做直线运动、圆弧运动，完成了搬运和码垛的任务。本篇介绍对工业机器人进行综合应用，即在真实设备中进行 ABB 机器人的实战，让学生从"虚"到"实"，真正学会机器人的应用。以浙江亚龙教育装备股份有限公司的 YL-399A 型工业机器人实训考核装备和 YL-R120B 鼠标装配实训系统作为实战对象，YL-399A 实训设备用于完成工业机器人最典型任务弧焊，YL-R120B 实训设备用于实现多台机器人协同工作应用。

●●● 6.1 任务 1 工业机器人弧焊 ●●●

任务目标

① 了解工业机器人弧焊工作站的建立、配置；
② 弧焊常用参数设置、软件设定；
③ 弧焊程序编程与调试。

弧焊机器人不仅可以在计算机的控制下实现连续轨迹控制和点位控制，还可以利用直线插补和圆弧插补功能焊接由直线及圆弧所组成的空间焊缝。弧焊机器人主要有熔化极焊接作业和非熔化极焊接作业两种类型，具有可长期进行焊接作业、保证焊接作业的高生产率、高质量和高稳定性等特点，可以把员工从恶劣的工作环境中解放出来。

一个完整的工业机器人弧焊系统由工业机器人、焊枪、焊机、送丝机、焊丝、焊丝盘、气瓶、冷却水系统（限使用水冷的焊枪）、剪丝清洗设备、烟雾净化系统或烟雾净化过滤机等组成。

亚龙 YL-399A 型工业机器人实训考核装备由 PLC 控制柜、ABB 机器人系统、机器人安装底座、焊接系统、除烟系统、警示灯、按钮盒和电脑桌等组成，如图 6-1 所示。

图 6-1 亚龙 YL-399A 型工业机器人实训考核装备

6.1.1　子任务1　工业机器人弧焊的基本知识

随着汽车、军工及重工等行业的飞速发展,这些行业中的三维钣金零部件的焊接加工呈现小批量、多样化的趋势。工业机器人和焊接电源所组成的机器人自动化焊接系统,能够自由、灵活地实现各种复杂三维曲线加工轨迹。

与码垛、搬运等应用不同的是,弧焊是基于连续工艺状态下的工业机器人应用,这对工业机器人提出了更高的要求。ABB研发的AreWare弧焊包可匹配当今市场大多数品牌的焊机,TorchServices清枪系统和PathRecovery(路径回复)让机器人的工作更加智能化和自动化,SmartTac探测系统则更好地解决了产品定位精度不足的问题。

1. 标准I/O配置

ABB常用的I/O板下挂在DeviceNet总线上面,弧焊应用常见的型号是DSQC651板和DSQC652板。DSQC651板具有8个数字输入、8个数字输出和2个模拟输出信号,DSQC652板具有16个数字输入和16个数字输出信号。

I/O板系统配置需要4项参数,分别是Name(I/O单元名称)、Type(I/O单元类型)、Connected to Bus(I/O单元所在总线)和DeviceNet Address(I/O单元所在总线地址)。

在实际应用中,把定义好的I/O信号与ABB弧焊软件的相关端口进行关联,关联后弧焊系统会自动地处理并联信号。在进行弧焊程序编写与调试时,可以通过弧焊专用的RAPID指令简单高效地对机器人进行弧焊连接工艺的控制,表6-1所示是弧焊关联的信号。

表 6-1　弧焊关联的信号

I/O Name	Parameters Type	Parameters Name	I/O信号注解
Ao01Weld_REF	Arc Equipment Analogue Outputs	VoltReference	焊接电压控制模拟信号
Ao02Feed_REF	Arc Equipment Analogue Outputs	CurrentReference	焊接电流控制模拟信号
Do01WeldOn	Arc Equipment Digital Outputs	WeldOn	焊接启动数字信号
Do02GasOn	Arc Equipment Digital Outputs	GasOn	打开保护气数字信号
Do03FeedOn	Arc Equipment Digital Outputs	FeedOn	送丝信号
Di01ArcEst	Arc Equipment Digital Inputs	ArcEst	起弧检测信号
Di02GasOk	Arc Equipment Digital Inputs	GasOk	保护气检测信号
Di03FeedOk	Arc Equipment Digital Inputs	WireFeedOk	送丝检测信号

这些信号在"ABB"主界面,进入"控制面板"→"配置"→"I/O"(图6-2)→主题"PROC"(图6-3)中对参数进行设定,完成后重启系统使参数生效。

2. 弧焊常用程序数据

在弧焊的连续工艺过程中,需要根据材质或焊缝的特性来调整焊接电压或电流的大小或焊枪是否需要摆动、摆动的形式和幅度大小等参数。在弧焊机器人系统中用程序数据来控制这些变化的因素。

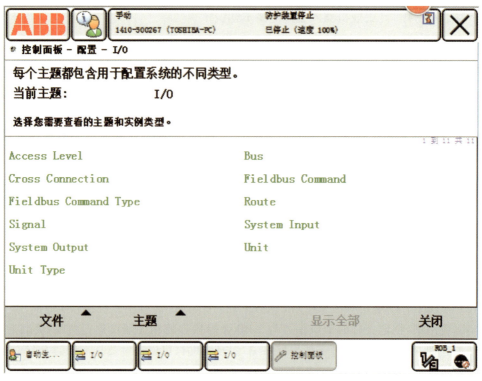

图 6-2 I/O 界面

（1）WeldData：焊接参数

焊接参数用来控制在焊接过程中机器人的焊接速度以及焊机输出的电压和电流的大小。焊接参数中需要设定的参数如下。

① Weld_Speed：焊接速度；

② Voltage：焊接电压；

③ Current：焊接电流。

（2）SeamData：起弧收弧参数

起弧收弧参数控制焊接开始前和结束后吹保护气的时间，以保证焊接时的稳定性和焊缝的完整性。起弧收弧参数中需要设定的参数如下。

① Purge_time：清枪吹气时间；

② Preflow_time：预吹风时间；

③ Postflow_time：尾气吹气时间。

（3）WeaveData：摆弧参数

摆弧参数控制机器人在焊接过程中焊枪的摆动，通常在焊缝的宽度超过焊丝直径较多的时候通过焊枪的摆动去填充焊缝。该参数属于可选项。如果焊缝宽度较小，那么在机器人线性焊接可以满足要求的情况下可不选用该参数。摆弧参数中需要设定的参数如下。

① Weave_shape：摆动的形状；

② Weave_type：摆动的模式；

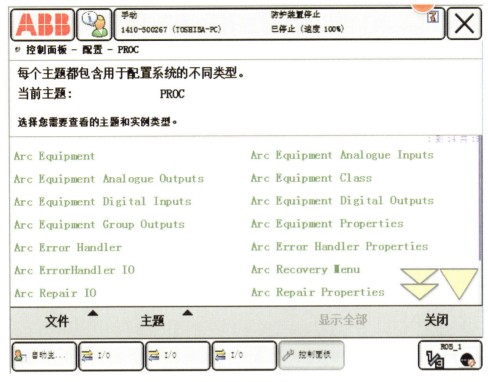

图 6 – 3   PROC 界面

③ Weave_length：一个周期前进的距离；

④ Weave_width：摆动的宽度；

⑤ Weave_height：摆动的高度。

3. 弧焊常用指令

所有焊接程序都必须以 ArcLStart 或者 ArcCStart 开始，通常使用 ArcLStart 作为起始语句；所有焊接过程都必须以 ArcLEnd 或 ArcCEnd 结束；焊接中间点用 ArcL/ArcC 语句；焊接过程中不同语句可以使用不同的焊接参数，如 SeamData 和 WeldData。

（1）ArcLStart：线性焊接开始指令

ArcLStart 用于直线焊缝的焊接开始，工具中心点线性移动到指定目标位置，整个焊接过程通过参数监测和控制。样例程序如下：

ArcLStart p1, v100, seam1, weld5, fine, gun1;

如图 6 - 4 所示，机器人线性焊接运行到 p1 点起弧，焊接开始。

（2）ArcLEnd：线性焊接结束指令

ArcLEnd 用于直线焊缝的焊接结束，工具中心点线性移动到指定目标位置，整个焊接过程通过参数监测和控制。样例程序如下：

ArcLEnd p2, v100, seam1, weld5, fine, gun1;

如图 6 - 4 所示，机器人线性焊接运行到 p2 点收弧，焊接结束。

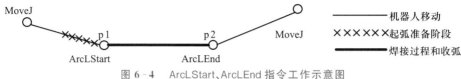

图 6-4 ArcLStart、ArcLEnd 指令工作示意图

（3）ArcL：线性焊接指令

ArcL 用于直线焊缝的焊接，工具中心点线性移动到指定目标位置，焊接过程通过参数控制。样例程序如下：

```
ArcL * , v100, seam1, weld5\Weave: = Weave1, z10, gun1;
```

如图 6-5 所示，机器人线性焊接的部分应使用 ArcL 指令。

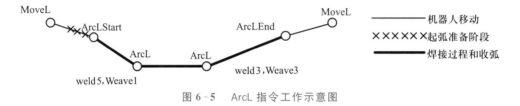

图 6-5 ArcL 指令工作示意图

（4）ArcCStart：圆弧焊接开始指令

ArcCStart 用于圆弧焊缝的焊接开始，工具中心点圆周运动到指定目标位置，整个焊接过程通过参数监测和控制。样例程序如下：

```
ArcCStart p1, p2, v100, seam1, weld5, fine, gun1;
```

如图 6-6 所示，机器人从 p1 点圆弧焊接运行到 p2 点，p2 是任意设定的过渡点。

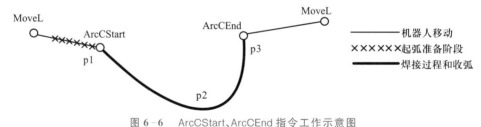

图 6-6 ArcCStart、ArcCEnd 指令工作示意图

（5）ArcCEnd：圆弧焊接结束指令

ArcCEnd 用于圆弧焊缝的焊接结束，工具中心点圆周运动到指定目标位置，整个焊接过程通过参数监测和控制。样例程序如下：

```
ArcCEnd p2, p3, v100, seam1, weld5, fine, gun1;
```

如图 6-6 所示，机器人从 p2 点继续圆弧焊接到 p3 点结束，p2 只是 ArcCStart 指令任意设定的过渡点。

（6）ArcC：圆弧焊接指令

ArcC 用于圆弧焊缝的焊接，工具中心点线性移动到指定目标位置，焊接过程通过参数控制。样例程序如下：

ArcC ＊，＊，v100，seam1，weld5\Weave：＝Weave1，z10，gun1；

如图 6-7 所示，机器人圆弧焊接的不规则多段部分应使用 ArcC 指令，并可以多设置与 p2 点类似的过渡点。

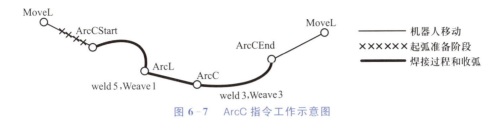

图 6-7 ArcC 指令工作示意图

6.1.2 子任务2 焊接电流和焊接弧长电压的校正

正常情况下，焊机参数（焊接电流、焊接弧长电压）与机器人输出电压（焊接模拟量 0～10 V 电压）的关系如图 6-8 所示。

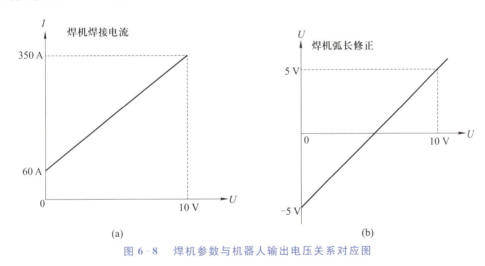

图 6-8 焊机参数与机器人输出电压关系对应图

由于实际中量程对应关系和上图会有偏差，因此如果焊接规范由机器人确定。那么为了更加精确地控制焊接电压和焊接电流，需要对焊接弧长电压（0～10 V）和焊接电流（60～350 A）的模拟量量程进行矫正。

在远程模式下，机器人的焊接电压和焊接电流模拟量信号连接送丝机，送丝机再连接到焊机。

焊机的焊接电压＝初始焊接电压（当弧长电压＝0 时）＋弧长电压

在板厚、焊接速度等确定的情况下，弧长初始电压只和焊接电流有关。应先校正焊接电流模拟量，再校正焊接弧长电压模拟量。

下面以焊接电流模拟量为例说明模拟量校正的方法。

（1）单击"ABB"按钮进入主界面。单击进入"控制面板"→"配置"→"Singal"→"添加"中，焊接电流模拟量名称为 AO10_2CurrentReference，双击进入参数设置界面，如图 6-9 所示。焊接电流是 d651 模块第二路模拟量输出,弧长电压是第二路输出,名称可修改。

(a)

(b)

图 6-9　添加焊接电流模拟量参数

（2）分别设置 Dafault Value（焊机输出电压的默认值,必须大于等于 Minimum Logical Value）,Maximum Logical Value（焊机最大的电流输出值）,Maximum Physical Value（焊机输出最大电流时所对应的控制信号的电压值）,Maximum Physical Value Limit（I/O 板最大输出值）,Maximum Bit Value（最大逻辑位值）为 16～31,10,10,10,65535,其他参数都设置为 0。设置完成,单击"确认"按钮退出参数修改画面,根据提示重启系统。

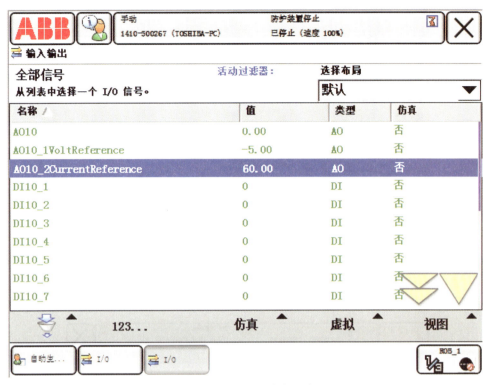

图 6-10　添加后参数列表

（3）回到 ABB 主界面，单击"输入输出"→"视图"→"全部信号"，如图 6-10 所示。选择信号 AO10_2CurrentReference，单击"123…"图标，出现如图 6-11 所示的窗口，可在窗口输入数据。更改数据时，焊机上显示的焊接电流是跟着变化的。焊机最小焊接电流是 60 A，最大焊接电流是 350 A。从小到大更改 AO10_2CurrentReference 的数值，找焊接电流分别是 60、350 时候对应的 AO10_2CurrentReference 值，并记录下来，为 1.55～9.1，计算出：

Minimum Bit Value＝1.55×65535/10＝10158

Maximum Bit Value＝9.1×65535/10＝59637

（4）根据上面校正的结果，修改信号 AO10_2CurrentReference 参数，结果如图 6-12 所示，修改完成后重启系统。

（5）再次进入输入输出界面，给信号 AO10_2CurrentReference

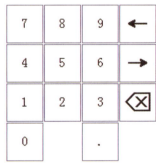

图 6-11　设定最大最小值

赋值，观察焊机上显示的焊接电流和机器人示教器侧是否是一致。例如，当输入为 80、200 时，观察焊机的焊接电流是否也显示为 80、200。一般来说，误差不会大于 1，这说明校正非常成功。

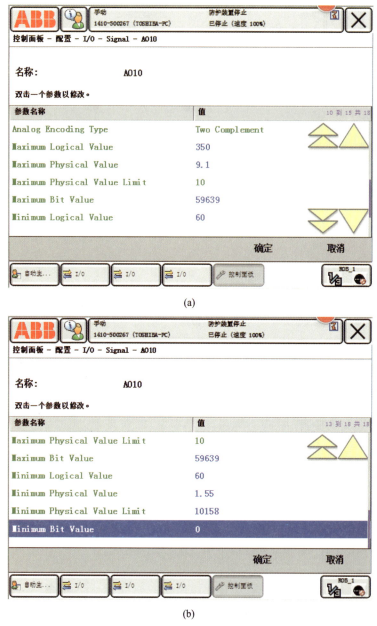

(a)

(b)

图 6-12   AO10_2CurrentReference 校正结果

6.1.3   子任务 3   工业机器人弧焊

1. 硬件构成

亚龙 YL-399A 型工业机器人实训考核装备由 PLC 控制柜、ABB 机器人系统、焊接系统和除烟系统等组成。

（1）PLC 控制柜

YL-399A 实训设备的 PLC 控制柜用来安装断路器、PLC、触摸屏、开关电源、熔断器、接线端子和变压器等元件。PLC 控制柜内部图如图 6-13 所示，PLC 采用合信的 CPU 126 AC/DC/RLY PLC 和 EM131 AI 4×12 bit 模块作为中央控制单元。

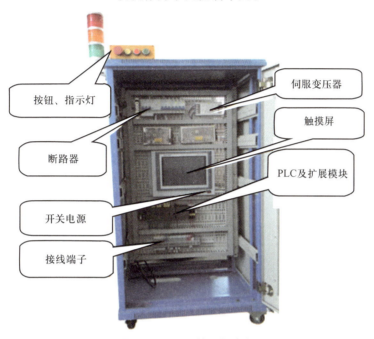

图 6-13　PLC 控制柜内部图

（2）ABB 机器人系统

YL-399A 实训设备的 ABB 机器人系统由 IRB 1410 机器人、IRC5 机器人控制器和示教器等组成，如图 6-14 所示。

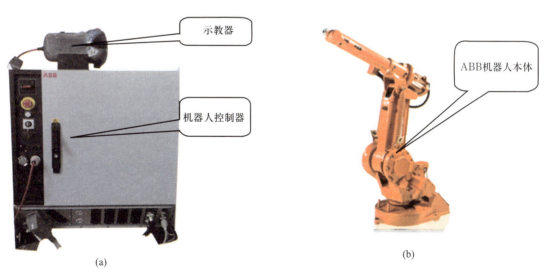

(a)　　　　　　　　　　　　　　　　(b)

图 6-14　YL-399A 实训设备的 ABB 机器人系统

IRB 1410 机器人的特点如下：

① 工作周期短、运行可靠，能大幅提高生产率。该款机器人在弧焊应用中历经考验，性能出众，附加值高，投资回报快。

② 手腕荷重 5 kg。上臂提供独有 18 kg 附加荷重，可搭载各种工艺设备。卓越的控制水平和循径精度确保了出色的工作质量。

③ 过程速度和定位均可调整，能达到最佳的制造精度，次品率极低，甚至达到零。

④ 以其坚固可靠的结构而著称，而由此带来的其他优势是噪声水平低、例行维护间隔时间长、使用寿命长。

⑤ 工作范围大、到达距离长、结构紧凑、手腕极为纤细，即使在条件苛刻、限制颇多的场所，仍能实现高性能操作。

⑥ 专为弧焊而优化，采用优化设计，设送丝机走线安装孔，为机械臂搭载工艺设备提供便利。标准 IRC5 机器人控制器内置各项人性化弧焊功能，可通过专利的编程操作手持终端 FlexPendant(示教器)进行操控。

IRB 1410 机器人的技术参数见表 6-2。

表 6-2　IRB 1410 机器人的技术参数

承重能力	5 kg	轴数	6
附加载荷	第三轴 18 kg、第一轴 19 kg	TCP 最大速度	2.1 m/s
第五轴到达距离	1.44 m	电源电压	200~600 V、50/60 Hz
安装方式	落地式	集成信号源	上臂 12 路信号
额定电流	5.1 A	功率	1 500 W

IRB 1410 机器人的接口含义见表 6-3。

表 6-3　IRB 1410 机器人的接口含义

R1. CS alt. R1. CP	供用户自定义 12 针航空插座端子
AIR alt R1. CS	气源入口
R1. MP	伺服电机动力电缆插头
R1. SMB	编码器电缆插头

（3）焊接和除烟系统

如图 6-15 所示，YL-399A 实训设备的焊接系统由奥太 Pulse MIG-350 焊机、送丝机、焊枪和工业液体 CO_2 等构成；除烟系统能有效地减少对环境的烟尘排放，防止焊接废气对人体的伤害。

① Pulse MIG-350 焊机介绍

焊机的前后面板接口含义如图 6-16 所示。焊机的控制面板用于焊机的功能选择和部分参数设定，如图 6-17 所示，控制面板包括数字显示窗口、调节旋钮、按键和发光二极管指示灯，图中各序号的含义见表 6-4。

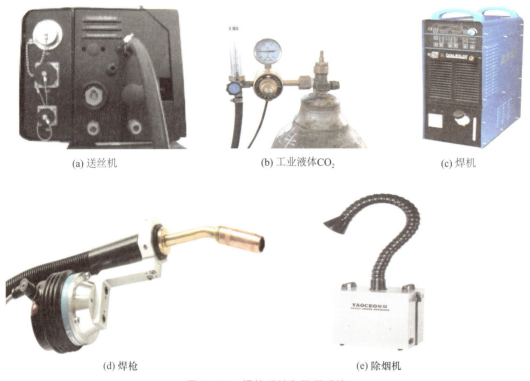

(a) 送丝机   (b) 工业液体CO$_2$ (c) 焊机

(d) 焊枪   (e) 除烟机

图 6-15   焊接系统和除烟系统

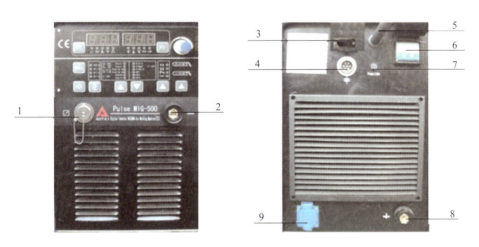

1—外设控制插座 X3;2—焊机输出插座(一);3—程序升级下载口 X4;4—送丝机控制插座 X7;
5—输入电缆;6—空气开关;7—熔断器;8—焊机输出插座(+);9—加热电源插座 X5。

图 6-16   前后面板接口含义

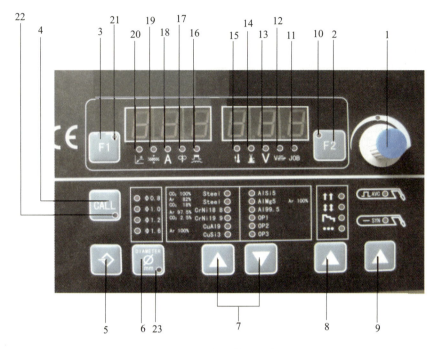

图 6-17　焊机控制面板

表 6-4　控制面板参数含义

序号	含　义	序号	含　义	序号	含　义
1	调节旋钮,调节各参数值	9	焊接方法选择键	17	送丝速度指示灯
2	参数选择键 F2	10	F2 键选中指示灯	18	焊接电流指示灯
3	参数选择键 F1	11	作业号 n° 指示灯	19	母材厚度指示灯
4	调用键	12	焊接速度指示灯	20	焊角指示灯
5	存储键	13	焊接电压指示灯	21	F1 键选中指示灯
6	焊丝直径选择键	14	弧长修正指示灯	22	调用作业模式工作指示灯
7	焊丝材料选择键	15	机内温度指示灯	23	隐含参数菜单指示灯
8	焊接模式选择键	16	电弧力/电弧挺度		

② 焊机的操作

Pulse MIG-350 焊机具有脉冲和恒压两种输出特性。脉冲特性可实现碳钢及不锈钢、铝及其合金、铜及其合金等有色金属的焊接,恒压特性可实现碳钢和不锈钢纯 CO_2 气体和混合气体保护焊。

需要选择焊接方法时,应按下按键 9,与选中的焊接方法相对应的指示灯亮,指示灯的含义见表 6-5。

表 6-5　焊接方法指示灯的含义

焊接方法指示灯	焊接方法指示灯的含义
P - MIG	脉冲焊接
MIG	一元化直流焊接
STICK	手工焊
TIG	钨极氩弧焊
CAC - A	碳弧气刨

需要选择工作模式时,应按下按键 8,与选中的工作模式相对应的指示灯亮。工作模式主要有两步工作模式、四步工作模式、特殊四步工作模式和点焊工作模式等四种,其参数分别如图 6-18～图 6-21 所示。

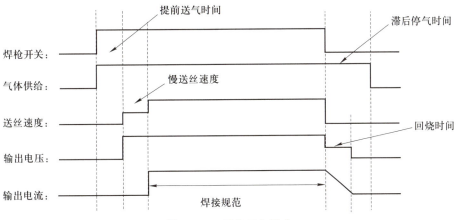

图 6-18　两步工作模式

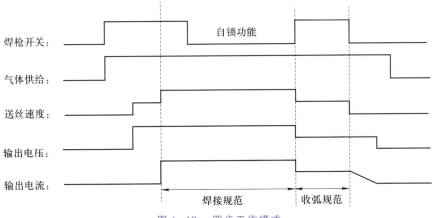

图 6-19　四步工作模式

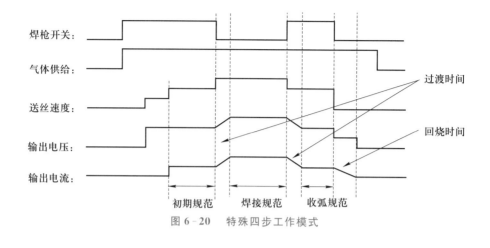

图 6-20   特殊四步工作模式

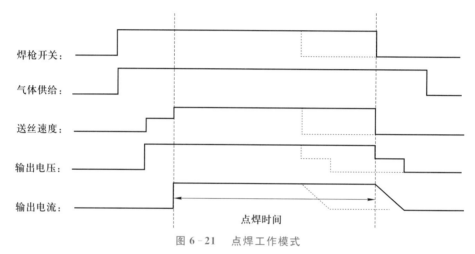

图 6-21   点焊工作模式

需要选择保护气体及焊丝材料时,应按下按键 7,与选中的保护气体及焊丝材料相对应的指示灯亮。

需要选择焊丝直径时,应按下按键 6,与选中的焊丝直径相对应的指示灯亮。可选的焊丝直径有 $\phi 0.8$、$\phi 1.0$、$\phi 1.2$ 和 $\phi 1.6$。

需要注意的是,应根据自己的要求完成以上选择。首先通过送丝机上电流调节旋钮预置所需的电流值,再将送丝机上电压调节旋钮调到标准位置后可进行焊接。然后根据实际焊接弧长微调电压旋钮,使电弧处在脉冲声音中稍微夹杂短路的声音,可达到良好的焊接效果。

③ 参数菜单设置

进入隐含参数菜单及参数项调节,同时按下存储键 5 和焊丝直径选择键 6 并松开,隐含参数菜单指示灯亮表示已进入隐含参数菜单调节模式。再次按下存储键 5 退出隐含参数菜单调节模式,隐含参数菜单指示灯灭。用焊丝直径选择键 6 选择要修改的项目,用调节旋钮 1 调节要修改的参数值。其中,P05、P06 项可用 F2 键切换至显示电流百分数、弧长偏移量,并可用调节旋钮 1 修改对应参数值。操作步骤如图 6-22 所示。

需要注意的是,按下调节旋钮 1 约 3 s 后,焊机参数将恢复出厂设置,见表 6-6。

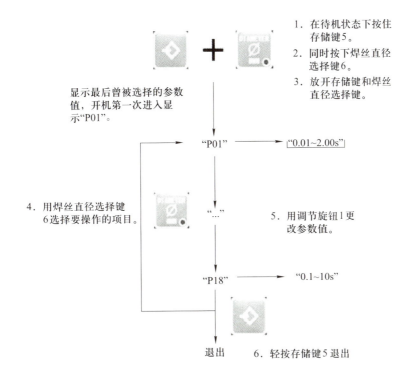

1. 在待机状态下按住存储键5。
2. 同时按下焊丝直径选择键6。
3. 放开存储键和焊丝直径选择键。

显示最后曾被选择的参数值，开机第一次进入显示"P01"。

"P01" ⟶ "0.01~2.00s"

4. 用焊丝直径选择键6选择要操作的项目。

"…"

5. 用调节旋钮1更改参数值。

"P18" ⟶ "0.1~10s"

退出

6. 轻按存储键5退出

图6-22 操作步骤

表6-6 焊机主要参数设置

内 容	设置值	说 明	内 容	设置值	说 明
焊丝直径/mm	1.2		操作方式	两步	
焊丝材料和保护气体	二氧化碳100%		恒压		一元化直流焊接
	碳钢				
参数键F1选择如下参数设置			参数键F2选择如下参数设置		
板厚/mm	2		作业号 n^o	1	
焊接电流/A	110		焊接电压/V	20.5	
送丝速度/(mm/s)	2.5		焊接速度/(cm/min)	60	
电弧力/电弧挺度	5	—=电弧硬而稳定 0=中等电弧 +=电弧柔和,飞溅小	弧长修正	0.5	—=弧长变短 0=标准弧长 +=弧长变长

隐含参数设置					
项 目	用 途	设定范围	出厂设置	实际设置	说 明
P01	回烧时间	0.01~2.00 s	0.08	0.05	如果焊接电压和电流由机器人给定,则设置0.3

191

续表

项 目	用 途	设定范围	出厂设置	实际设置	说 明
P09	近控有无	OFF/ON	OFF	ON	OFF＝正常焊接规范由送丝机调节旋钮确定；ON＝焊接规范由显示板调节旋钮确定
P10	P10 水冷选择		ON	OFF	选择 OFF 时，无水冷机或水冷机不工作，无水冷保护；选择 ON 时，水冷机工作，水冷机工作不正常时有水冷保护

④ 作业与焊接

● 作业模式

在半自动及全自动焊接中，作业模式都能提高焊接工艺质量。平常一些需要重复操作的作业（工序）往往需手写记录工艺参数，在作业模式下则可以存储和调取多达 100 个不同的作业记录。在作业模式中，左显示屏中显示的标识及其含义见表 6-7。

表 6-7　作业模式中左显示屏中显示的标识及其含义

显示的标识	标志的含义
…	该位置无程序存储（仅在调用作业程序时出现，否则将显示 nPG）
nPG	表示该位置没有作业程序
PrG	表示该位置已存储作业程序
Pro	表示该位置正在创立作业程序

● 存储作业程序

焊机出厂时未存储作业程序，在调用作业程序前，必须先存储作业程序。存储作业程序的步骤如下：

◇ 设定好要存储的"作业"程序的各规范参数；

◇ 轻按存储键 5，进入存储状态。显示号码为可以存储的作业号；

◇ 用调节旋钮 1 选择存储位置，或不改变当前显示的存储位置；

◇ 按住存储键 5，左显示屏显示"Pro"，作业参数正在存入所选的作业号位置。

当左显示屏出现"PrG"时，表示存储成功，此时可松开存储键 5。轻按存储键 5，退出存储状态。

需要注意的是，如果所选作业号位置已经存有作业参数，那么会被新存入的参数覆盖。该操作将无法恢复。

● 调用作业程序

作业程序存储以后，所有作业都可在作业模式调用这些作业程序，调用作业程序的步骤如下：

◇ 轻按调用键 4，调用作业模式工作指示灯 22 亮，显示最后一次调用的作业号。可以用参数选择键 2 和 3 查看该作业的程序参数，所存作业的操作模式和焊接方法也会同时显示。

◇ 用调节旋钮 1 选择调用作业号。

● 焊接方向和焊枪角度

焊枪向焊接行进方向倾斜 0°～10°时的熔接法(焊接方法)称为后退法(与手工焊接相同),焊枪姿态不变、向相反的方向行进焊接的方法称为前进法。一般来说,使用前进法焊接,气体保护效果较好,可以一边观察焊接轨迹,一边进行焊接操作。因此,多采用前进法进行焊接,如图 6-23 所示。

● 双脉冲功能

双脉冲焊在单脉冲焊基础上加入低频调制脉冲,低频脉冲频率为 0.5～5.0 Hz。与单脉冲相比,双脉冲的优点是无须焊工摆动,焊缝自动成鱼鳞状且鱼鳞纹的疏密、深浅可调,以及能够更加精确地控制热输入量。低电流期间,冷却熔池,减小工件变形,减少热裂纹倾向;同时能周期性地搅拌熔池,细化晶粒,氢等气体易从熔池中析出,减少气孔,降低焊接缺陷。双脉冲参考波形如图 6-24 所示。

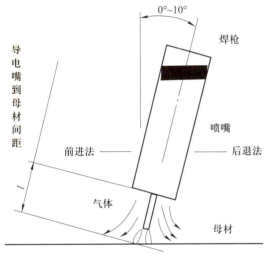

图 6-23　焊接方向与焊枪角度

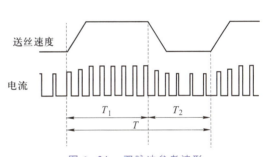

图 6-24　双脉冲参考波形

2. 任务要求

焊接工作既可以在机器人示教器本地操作来完成,又可以由 PLC 远程控制完成。在远程控制模式下,设备启动前要满足的条件包括机器人选择自动模式、安全光幕没有报警、机器人没有急停报警等。满足条件时(即设备就绪)黄色警示灯常亮,否则黄色警示灯以 1 Hz 频率闪烁。如果系统没有就绪,那么需要按复位按钮进行复位。当设备就绪时,按下启动按钮,系统运行,机器人程序启动,警示灯黄灯、绿灯常亮。

机器人在运行过程中时,若按下暂停按钮,则机器人暂停运行,且绿色警示灯以 1 Hz 频率闪烁。再次按下启动按钮,机器人继续运行,绿色警示灯常亮。

机器人在运行过程中若安全光幕动作,则机器人暂停运行,且警示灯绿灯、红色以 1 Hz 频率闪烁。此时需要按下复位按钮清除安全光幕报警信号。报警清除后,红色警示灯熄灭。此时按下启动按钮,机器人继续运行,绿色警示灯常亮。

机器人在运行过程中若急停按钮动作,则系统立即停止运行,绿色警示灯熄灭。此时需要按复位按钮,清除机器人急停信号。为了保证安全,急停信号清除后,应操作机器人示教器,使机器人回到工作原点。当机器人回到工作原点后,系统才可以再次启动。

表 6-8 是 PLC 的 I/O 定义,其中按钮盒上的按钮和警示灯的指示灯以及机器人急停输入信号、机器人急停信号(PLC 给机器人的)要手工测量。将测量结果填入表中,作为编程的依据。表 6-9 是 PLC 和机器人的联络信号定义。请读者根据以上的工艺描述完成 PLC 编程和机器人示教工作。

表 6-8 PLC 的 I/O 定义

序 号	符 号	地 址	注 释	信号连接设备
1	启动按钮	I0.0		按钮盒
2	暂停按钮	I0.1		
3	急停按钮	I0.2	1＝正常　0＝急停动作	
4	复位按钮	I0.3		
5	自动状态	I0.4		机器人 I/O 板 DSQC651
6	电机使能开始	I0.5		
7	焊接完成	I0.7		
8	机器人急停输入	I1.0	1＝正常　0＝急停动作	机器人安全板
9	光幕报警	I1.3	0＝正常　1＝光幕动作	安全光幕
10	绿色警示灯	Q0.0		警示灯
11	黄色警示灯	Q0.1		
12	红色警示灯	Q0.2		
13	机器人电机使能	Q0.3	上升沿有效	机器人 I/O 板 DSQC651
14	机器人开始	Q0.4	上升沿有效	
15	机器人暂停	Q0.6	上升沿有效	
16	机器人急停复位	Q1.0	上升沿有效	
17	机器人急停	Q1.3	电平信号	机器人安全板

表 6-9 PLC 和机器人的联络信号定义

机器人系统关联信号	机器人信号名称	PLC 地址	PLC 符号	说 明
AutoOn	DO10_1	I0.4	自动状态	1＝自动模式,0＝手动模式
MotoOnState	DO10_2	I0.5	电机已使能	1＝机器人电机已使能 脉冲串＝机器人电机没使能
	DO10_4	I0.7	焊接完成	机器人焊接完成信号。焊接完成输出 1 s 脉冲信号通知 PLC(通过编程实现)
		I1.0	机器人急停输入	0＝急停动作
MotoOn	DI10_1	Q0.3	机器人电机使能	

续表

机器人系统关联信号	机器人信号名称	PLC 地址	PLC 符号	说　明
Start	DI10_3	Q0.4	机器人开始	机器人程序启动
Stop	DI10_4	Q0.6	机器人暂停	机器人程序停止（暂停）
ResetEstop	DI10_6	Q1.0	机器人急停复位	
		Q1.3	机器人急停	**1＝执行机器人急停**

需要说明的是，机器人的 I/O 板的 DSQC651 的信号已经建立且已经按表 6-9 所示和机器人系统变量关联。

3. 任务程序设计

（1）控制流程图

机器人控制流程图如图 6-25 所示。

（2）机器人程序设计

实现机器人逻辑和动作的 RAPID 程序模块如下：

① CalibData 程序

MODULE CalibData

　　PERS tooldata

　　WD＿Tool：＝［TRUE，［［－25.3073，5.67016，404.686］，［0.0204521，－0.381888，0.00907785，－0.923938］］，［1，［0，0，1］，［1，0，0，0］，0，0，0］］；

ENDMODULE

② MainModule 程序

MODULE MainModule

　　！定义机器人工作路径坐标点

　　CONST jointtarget

　　jpos10：＝［［0.0411772，－0.0311163，0.00764904，0.000274933，－0.0212399，－0.0219779］，［9E＋09，9E＋09，9E＋09，9E＋09，9E＋09，9E＋09］］；

　　CONST robtarget

　　p12：＝［［963.52，3.66，956.77］，［0.0309291，0.337148，0.940467，0.029939］，［0，0，0，0］，［9E＋09，9E＋

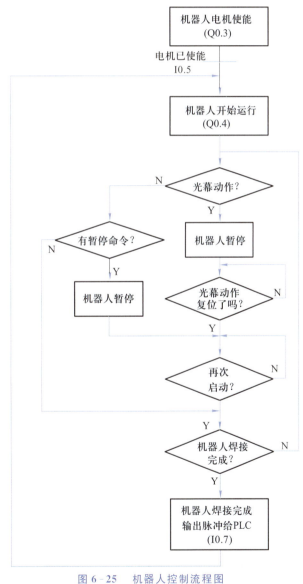

图 6-25　机器人控制流程图

09,9E + 09,9E + 09,9E + 09,9E + 09]];

CONST robtarget

p3：=[[963.53,3.66,956.77],[0.0309255,0.337143,0.940469,0.0299377],[0,0,0,0],[9E + 09,9E + 09,9E + 09,9E + 09,9E + 09]];

CONST robtarget

P10：=[[930.62,0.68,1134.25],[0.382179, − 0.000103375,0.924088, − 1.61467E − 05],[0, − 1,0,0],[9E + 09,9E + 09,9E + 09,9E + 09,9E + 09,9E + 09]];

CONST robtarget

P30：=[[1103.06, − 97.52,677.98],[0.0389806,0.99714, − 0.06327,0.0137768],[− 1, − 1,0,0],[9E + 09,9E + 09,9E + 09,9E + 09,9E + 09,9E + 09]];

TASK PERS seamdata

seam1：=[0,0.2,[0,0,0,0,0,0,0,0,0,0],0,0,0,0,0,[0,0,0,0,0,0,0,0,0,0],0,0,[0,0,0,0,0,0,0,0,0,0],0,0,[0,0,0,0,0,0,0,0,0,0],1];

TASK PERS welddata weld1：=[10,10,[0,0,0.5,0,0,110,0,0,0],[0,0,0.5,0,0,110,0,0,0]];

CONST robtarget

P40：=[[1103.05, − 97.52,401.91],[0.0389808,0.99714, − 0.0632694,0.0137758],[− 1, − 1,0,0],[9E + 09,9E + 09,9E + 09,9E + 09,9E + 09,9E + 09]];

CONST robtarget

P50：=[[1039.74, − 28.79,427.82],[0.149356,0.986628, − 0.0626611,0.0182084],[0, − 1,0,0],[9E + 09,9E + 09,9E + 09,9E + 09,9E + 09,9E + 09]];

CONST robtarget

P60：= [[1113.61,19.62,553.17],[0.00756843, − 0.998933,0.0221674, − 0.0398171],[0,0,0,0],[9E + 09,9E + 09,9E + 09,9E + 09,9E + 09,9E + 09]];

CONST robtarget

P70：=[[1103.05, − 97.52,625.81],[0.0389806,0.99714, − 0.0632717,0.0137757],[− 1, − 1,0,0],[9E + 09,9E + 09,9E + 09,9E + 09,9E + 09,9E + 09]];

CONST robtarget

o：= [[1015.16, − 75.04,545.04],[0.000622256,0.999752, − 0.0222803,0.000183399],[− 1,0, − 1,0],[9E + 09,9E + 09,9E + 09,9E + 09,9E + 09,9E + 09]];

CONST robtarget

o10：= [[1015.16, − 75.04,619.23],[0.000623302,0.999752, − 0.0222824,0.000185214],[− 1,0, − 1,0],[9E + 09,9E + 09,9E + 09,9E + 09,9E + 09,9E + 09]];

CONST robtarget

z：= [[1015.16, − 75.04,619.23],[0.000621805,0.999752, − 0.0222812,0.00018542],[− 1,0, − 1,0],[9E + 09,9E + 09,9E + 09,9E + 09,9E + 09,9E + 09]];

CONST robtarget

z70：= [[1013.62，- 81.98，548.20]，[0.366989，0.928082，- 0.0236191，- 0.0585228]，[0，- 1,0,0]，[9E + 09,9E + 09,9E + 09,9E + 09,9E + 09,9E + 09]]；

CONST robtarget

p1：=[[1013.62，- 81.98,548.20]，[0.366989,0.928082,- 0.023618,- 0.0585223]，[0,- 1,0,0]，[9E + 09,9E + 09,9E + 09,9E + 09,9E + 09,9E + 09]]；

CONST robtarget

p11：=[[1012.69，- 70.95,546.19]，[0.226018,- 0.956852,0.112604,0.143776]，[- 1,0,- 1,0]，[9E + 09,9E + 09,9E + 09,9E + 09,9E + 09,9E + 09]]；

CONST robtarget

p2：=[[1012.69，- 70.95,546.19]，[0.226018,- 0.956852,0.112604,0.143776]，[- 1,0,- 1,0]，[9E + 09,9E + 09,9E + 09,9E + 09,9E + 09,9E + 09]]；

CONST robtarget

p22：=[[1017.09，- 73.52,544.78]，[0.146784,- 0.849296,0.50096,- 0.0786781]，[0,- 1,1,0]，[9E + 09,9E + 09,9E + 09,9E + 09,9E + 09,9E + 09]]；

CONST robtarget

p33：=[[1017.09，- 73.52,544.78]，[0.146787,- 0.849293,0.500964,- 0.0786794]，[0,- 1,1,0]，[9E + 09,9E + 09,9E + 09,9E + 09,9E + 09,9E + 09]]；

CONST robtarget

p43：= [[865.95，- 75.04，545.04]，[0.000625264，0.999752，- 0.0222773,0.000179565]，[- 1,0,- 1,0]，[9E + 09,9E + 09,9E + 09,9E + 09,9E + 09,9E + 09]]；

CONST robtarget

x：=[[865.95,- 75.04,545.04]，[0.000622409,0.999752,- 0.022281,0.000184581]，[- 1,0,- 1,0]，[9E + 09,9E + 09,9E + 09,9E + 09,9E + 09,9E + 09]]；

CONST robtarget

P80：=[[1046.71,123.02,616.27]，[0.368035,0.922655,0.107441,0.0414148]，[0,- 1,0,0]，[9E + 09,9E + 09,9E + 09,9E + 09,9E + 09,9E + 09]]；

PERS tooldata tool1：=[TRUE,[[0,0,0]，[1,0,0,0]]，[- 1,[0,0,0]，[1,0,0,0]，0,0,0]]；

CONST robtarget

P100：=[[1103.05，- 97.52,401.91]，[0.0389793,0.99714，- 0.0632696,0.0137775]，[- 1,- 1,0,0]，[9E + 09,9E + 09,9E + 09,9E + 09,9E + 09,9E + 09]]；

CONST robtarget

P90：=[[1103.05，- 97.52,401.91]，[0.0389793,0.99714，- 0.0632696,0.0137775]，[- 1,- 1,0,0]，[9E + 09,9E + 09,9E + 09,9E + 09,9E + 09,9E + 09]]；

CONST robtarget

P120：= [[1152.81，- 106.70，401.91]，[0.0389808，0.99714，- 0.0632721,0.0137729]，[- 1,- 1,0,0]，[9E + 09,9E + 09,9E + 09,9E + 09,9E + 09,9E + 09]]；

```
CONST robtarget
P110: =[[1122.49,-128.46,401.91],[0.0389791,0.99714,-0.0632717,0.013774],
[-1,-1,0,0],[9E+09,9E+09,9E+09,9E+09,9E+09,9E+09]];
CONST robtarget
P140: =[[1118.16,-120.73,401.91],[0.0389845,0.99714,-0.0632674,
0.0137732],[-1,-1,0,0],[9E+09,9E+09,9E+09,9E+09,9E+09,9E+09]];
CONST robtarget
P130: =[[1118.16,-120.73,401.91],[0.0389845,0.99714,-0.0632674,
0.0137732],[-1,-1,0,0],[9E+09,9E+09,9E+09,9E+09,9E+09,9E+09]];

PROC main()
    ! 主程序 Routine1;
    MoveJ P10, v1000, z10, tool0;左摆动作
    MoveL P30, v1000, z10, WD_Tool;右摆动作
    MoveJ P40, v200, fine, WD_Tool;焊枪到焊接起始点
    ! ArcLStart P40, v10, seam1, weld1, fine, WD_Tool;开始线性焊接
    ArcCStart P40, P110, v10, seam1, weld1, fine, WD_Tool;开始弧线焊接
    ArcC P120, P40, v10, seam1, weld1, z5, WD_Tool;
    ArcCEnd P40, P110, v10, seam1, weld1, fine, WD_Tool;结束弧线焊接
    ! ArcLEnd P50, v10, seam1, weld1, fine, WD_Tool;结束线性焊接
    MoveL P40, v1000, fine, WD_Tool;焊枪回到焊接起始点
    MoveJ P70, v1000, fine, WD_Tool;抬头动作
    ! MoveL o, v100, fine, tool0;
    ! MoveL z, v100, fine, tool0;
    ! MoveL x, v100, fine, tool0;
    ! MoveJ p1, v100, fine, tool0;
    ! MoveJ p2, v100, fine, tool0;
    ! MoveJ p3, v100, fine, tool0;
ENDPROC

PROC Routine1()
    MoveJ o, v1000, z50, WD_Tool;
    MoveJ z, v1000, z50, WD_Tool;
    MoveJ p1, v1000, z50, WD_Tool;
    MoveJ p2, v1000, z50, WD_Tool;
    MoveJ p3, v1000, z50, WD_Tool;
    MoveJ x, v1000, z50, WD_Tool;
```

```
ENDPROC
ENDMODULE
```

③ TCPXZ_WD_TOOL 程序

```
MODULE TCPXZ_WD_Tool
    ! Points are read in order of declaration
    ! Please do not change the order of points
    LOCAL PERS robtarget
    pTCPXZ _ Point1：= [[963.5084，3.643788，956.7473]，[0.0308633353561163,
0.337076812982559,0.940498769283295,0.0298120453953743],[0,0,0,0],[9E+09,9E+
09,9E+09,9E+09,9E+09]];
    LOCAL PERS robtarget
    pTCPXZ _ Point2：= [[737.1606，-19.18023，846.4595]，[0.31003612279892，-
0.503710448741913,0.781439900398254,-0.19875879585743],[-1,0,-1,0],[9E+09,
9E+09,9E+09,9E+09,9E+09]];
    LOCAL PERS robtarget
    pTCPXZ _ Point3：= [[724.9796，29.87056，834.0101]，[0.296630412340164,
0.580924808979034,0.71880692243576,0.24052719771862],[0,-1,0,0],[9E+09,9E+
09,9E+09,9E+09,9E+09]];
    LOCAL PERS robtarget
    pTCPXZ _ Point4：= [[714.879，0.7486442，823.4272]，[0.381911486387253,
0.000101908153737895,0.924198687076569,0.000620727601926774],[0,0,0,0],[9E+
09,9E+09,9E+09,9E+09,9E+09]];
    LOCAL PERS robtarget
    pTCPXZ _ ElongX：= [[714.8798，0.7501379，823.4294]，[0.381914973258972,
0.000102843390777707,0.924197196960449,0.000620499602518976],[0,0,0,0],[9E+
09,9E+09,9E+09,9E+09,9E+09]];
    LOCAL PERS robtarget
    pTCPXZ _ ElongZ：= [[714.8795，0.7412288，882.8995]，[0.381932586431503,
0.000109273009002209,0.924189984798431,0.000627195928245783],[0,0,0,0],[9E+
09,9E+09,9E+09,9E+09,9E+09]];
ENDMODULE
```

④ 系统模块

● base 程序

```
MODULE base (SYSMODULE，NOSTEPIN，VIEWONLY)
    ! System module with basic predefined system data
    ! System data tool0，wobj0 and load0
    ! Do not translate or delete tool0，wobj0，load0
```

PERS tooldata tool0 : = [TRUE, [[0, 0, 0], [1, 0, 0, 0]], [0.001, [0, 0, 0.001], [1, 0, 0, 0], 0, 0, 0]];

PERS wobjdata wobj0 : = [FALSE, TRUE, "", [[0, 0, 0],[1, 0, 0, 0]], [[0, 0, 0],[1, 0, 0, 0]]];

PERS loaddata load0 : = [0.001, [0, 0, 0.001],[1, 0, 0, 0], 0, 0, 0];

ENDMODULE

● user 程序

MODULE user (SYSMODULE)

! Predefined user data

! Declaration of numeric registers reg1...reg5

VAR num reg1 : = 0;

VAR num reg2 : = 0;

VAR num reg3 : = 0;

VAR num reg4 : = 0;

VAR num reg5 : = 0;

! Declaration of stopwatch clock1

VAR clock clock1;

! Template for declaration of workobject wobj1

! TASK PERS wobjdata wobj1 : = [FALSE, TRUE, "", [[0, 0, 0],[1, 0, 0, 0]],[[0, 0, 0],[1, 0, 0, 0]]];

ENDMODULE

（3）PLC 程序设计

网络 1：第一扫描周期初始化，如图 6-26 所示。

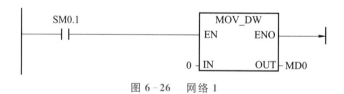

图 6-26 网络 1

网络 2：急停和光幕报警，如图 6-27 所示。

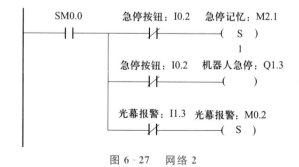

图 6-27 网络 2

网络 3：准备就绪，如图 6-28 所示。

```
自动状态：I0.4    急停记忆：M2.1  光幕报警：    M0.2  机器人急停：I1.0  就绪标志：M2.0
├─┤├──────────┤/├──────────┤/├──────────┤├──────────(    )
```

图 6-28　网络 3

网络 4：设备复位，如图 6-29 所示。

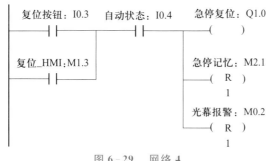

图 6-29　网络 4

网络 5：系统运行，如图 6-30 所示。

```
启动按钮：I0.0  就绪标志：M2.0    自动状态：I0.4  急停记忆：M2.1  焊接完成：I0.7  运行标志：M2.2
├─┤├──────┬──┤├────────┤├────────┤/├──────────┤/├──────────(    )
启动_HM1:M1.0 │
├─┤├─────────┤
运行标志：M2.2 │
├─┤├──────────┘
```

图 6-30　网络 5

网络 6：机器人伺服电机使能，使能后机器人程序开始，如图 6-31 所示。

```
启动按钮：I0.0    自动状态：I0.4    就绪标志：M2.0    电机使能：Q0.3
├─┤├──────┬──────┤├──────────┤├──────┬──(    )
启动HMI:M1.0 │                          暂停记忆：M2.3
├─┤├────────┤                          └─( R )
电机使能：Q0.3│                                1
├─┤├─────────┘
```

图 6-31　网络 6

网络 7：电机使能后，电机使能开始 I0.5＝ON，否则是脉冲信号，如图 6-32 所示。

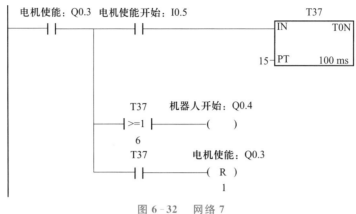

图 6-32　网络 7

网络 8：安全光幕动作后或者焊接完成或者有暂停命令，机器人都将暂停，如图 6-33 所示。

```
光幕报警：M0.2        自动状态：I0.4      运行标志：M2.2  机器人暂停：Q0.6
   ┤ ├─────┬─────────┤ ├───────────┤ ├──────────(    )

暂停按钮：I0.1          │
   ┤ ├─────┤
                       │
暂止_HM1：M1.1          │
   ┤ ├─────┘
```

图 6-33　网络 8

网络 9：有急停或者光幕动作记忆时，红色警示灯以 1 Hz 频率闪烁，如图 6-34 所示。

```
急停记忆：M2.1          自动状态：I0.4       SM0.5          红色警示灯：Q0.2
   ┤ ├─────┬─────────┤ ├───────────┤ ├──────────(    )

光幕报警：M0.2          │
   ┤ ├─────┘
```

图 6-34　网络 9

网络 10：当系统没运行时系统就绪，或系统运行时，则黄色警示灯常亮，如图 6-35 所示。

```
就绪标志：M2.0 运行标志：M2.2    自动状态：I0.4     黄色警示灯：Q0.1
   ┤ ├────┤/├──────┬──────┤ ├──────────(    )

运行标志：M2.2           │
   ┤ ├──────────────┘
```

图 6-35　网络 10

网络 11:暂停记忆,如图 6-36 所示。

```
    暂停:Q0.6      机器人开始:Q0.4   暂停记忆:M2.3
      ┤├              ┤/├             (   )

    光幕报警:M0.2
      ┤├

    暂停记忆:M2.3
      ┤├
```

图 6-36   网络 11

网络 12:系统运行时暂停,绿色警示灯以 1 Hz 闪烁;系统运行时没暂停,绿色警示灯常亮,如图 6-37 所示。

```
   运行标志:M2.2  暂停记忆:M2.3    SM0.5      绿色警示灯:Q0.0
      ┤├           ┤├            ┤├            (   )

   运行标志:M2.2  暂停记忆:M2.3
      ┤├           ┤/├
```

图 6-37   网络 12

焊接完成后的作品如图 6-38 所示。

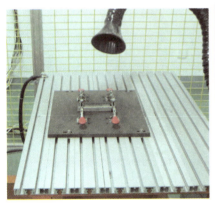

图 6-38   焊接完成后的作品

互动练习:工业机器人弧焊

6.2　任务 2　工业机器人鼠标装配

任务目标

① 了解工业机器人鼠标装配工作站的建立和配置方法;

微视频：鼠标
机器人工作站

② 掌握两台机器人协同工作方式；

③ 掌握鼠标装配程序的编制与调试方法。

亚龙 YL-R120B 鼠标装配实训系统由两个机器人站组成，每个机器人站各有一台 ABB 机器人和一套气动系统及控制系统，其外观如图 6-39 所示。

▶ 6.2.1　子任务1　认识工业机器人鼠标装配实训系统

亚龙 YL-R120B 鼠标装配实训系统通过两台 ABB 机器人的协作，将桌面上的无线鼠标零件进行组装。主站的机器人配有一台三菱 PLC 及 CC-LINK 通信模块，能与该站的机器人进行 CC-LINK 通信；从站的机器人通过端子排接收以及发送信号给主站机器人。

亚龙 YL-R120B 鼠标装配实训系统硬件包括机器人本体及控制器、气动系统和检测传感器（磁性开关）元器件。

1. 机器人

本设备采用 IRB 120 系列工业机器人和示教器，IRB 120 工业机器人如图 6-40 所示。IRB 120 工业机器人是 ABB 第四代机器人，6 自由度，具有动作敏捷、结构紧凑、质量轻等优点。

图 6-39　YL-R120B 鼠标装配实训系统

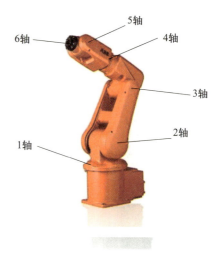

图 6-40　IRB 120 工业机器人

2. 气动系统

（1）油水分离器介绍

YL-R120B 鼠标装配实训系统的气源处理组件及其回路原理图如图 6-41 所示。气源处理组件是气动控制系统中的基本组成器件，它的作用是除去压缩空气中所含的杂质及凝结水，调节并保持恒定的工作压力。使用时应注意经常检查过滤器中凝结水的水位，在超过最高标线前必须排放，以免被重新吸入。气源处理组件的气路入口处安装一个快速气路开关，用于启/闭气源。当把气路开关向左拔出时，气路接通气源；反之把气路开关向右推入时气路关闭。

气源处理组件输入气源来自空气压缩机，所提供的压力为 0.6～1.0 MPa，输出压力为 0～0.8 MPa（可调），压缩空气通过快速三通接头和气管输送到各工作单元。

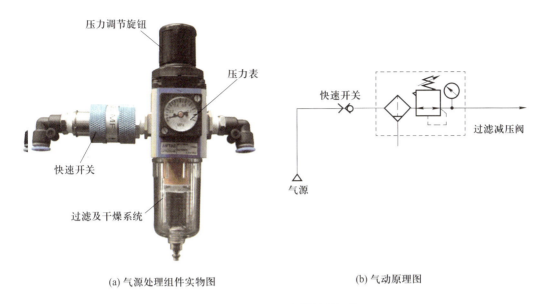

（a）气源处理组件实物图　　　　　　　（b）气动原理图

图 6-41　气源处理组件

（2）电磁阀

YL-R120B 鼠标装配实训系统拥有多个单向电磁阀和双向电磁阀，分别如图 6-42 和图 6-43 所示。

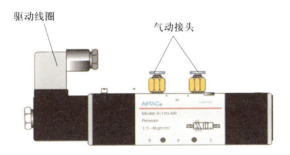

图 6-42　单向电磁阀示意图

图 6-43　双向电磁阀示意图

双向电控阀用来控制气缸进气和出气,实现气缸的伸出、缩回运动。双向电控阀内装的红色指示灯有正负极性。如果极性接反了,那么双向电控阀也能正常工作,但指示灯不会亮。

单向电控阀用来控制气缸单方向运动,实现气缸的伸出、缩回运动。单向电控阀与双向电控阀的区别在于,双向电控阀初始位置是任意的,可以随意控制两个位置,而单向电控阀初始位置是固定的,只能控制一个方向。

(3)气动手爪(简称气爪)介绍

气爪用于抓取、夹紧工件。气爪通常有滑动导轨型、支点开闭型和回转驱动型等工作方式。YL-R120B鼠标装配实训系统所使用的是滑动导轨型气动手爪,如图6-44a所示。其工作原理如图6-44b和图6-44c所示。

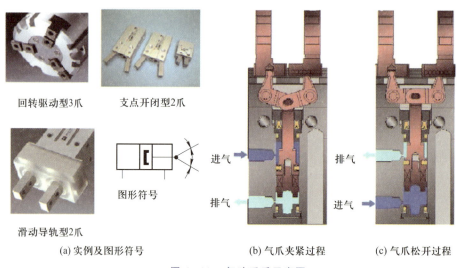

回转驱动型3爪　支点开闭型2爪

图形符号

滑动导轨型2爪

(a)实例及图形符号　　(b)气爪夹紧过程　　(c)气爪松开过程

图6-44　气动手爪示意图

(4)单向节流阀介绍

为了使气缸的动作平稳可靠,应对气缸的运动速度加以控制,常用的方法是使用单向节流阀。

单向节流阀是由单向阀和节流阀并联而成的流量控制阀,常用于控制气缸的运动速度,也称为速度控制阀。单向阀的功能是靠单向型密封圈来实现的。图6-45所示的是一种单向节流阀剖视图。当空气从气缸排气口排出时,单向密封圈在封堵状态,单向阀关闭。这时只能通过调节手轮,使节流阀杆上下移动,改变气流开度,从而达到节流作用。反之,在进气时,单向型密封圈被气流冲开,单向阀开启,压缩空气直接进入气缸进气口,节流阀不起作用。因此,这种节流方式称为排气节流方式。

3.磁性开关介绍

磁性传感器适用于气动、液动、气缸和活塞泵的位置测定,亦可用作限位开关。当磁性目标接近时,舌簧闭合,经放大输出开关信号。与电感式传感器相比,磁性传感器具有能安装在金属中、可并排紧密安装和可穿过金属进行检测等优点。磁性传感器检测的距离随检测体磁场强度的变化而变化,它不适合强烈震动的场合。

磁性传感器采用了通过磁场变化对簧管产生通断的原理,于是就产生了开关信号。由于其

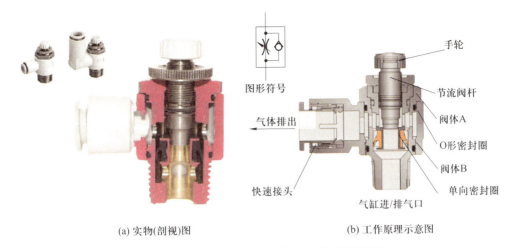

(a) 实物(剖视)图　　　　　　(b) 工作原理示意图

图 6-45　排气节流方式的单向节流阀剖视图

体积小巧,因此常用在气缸上,检测气缸是否到位。当有磁性物质接近如图 6-46 所示的磁性开关传感器时,传感器动作,并输出开关信号。在实际应用中,在被测物体(如气缸的活塞或活塞杆)上安装磁性物质,在气缸缸筒外面的两端位置各安装一个磁感应式接近开关,就可以用这两个传感器分别标识气缸运动的两个极限位置。

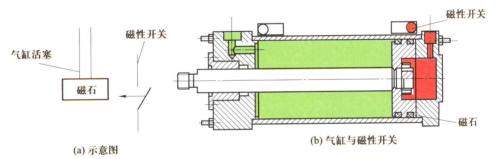

(a) 示意图　　　　　　　　　(b) 气缸与磁性开关

图 6-46　磁性开关传感器的动作原理

　　磁性开关的内部电路如图 6-47 虚线框内所示。如果采用共阴极接法,那么应将棕色线接 PLC 输入端,蓝色线接公共端;否则可能烧毁磁性开关。

　　当负载为电感性负载(如继电器、电磁阀)时,需要在负载端并接保护元件,这样可延长磁性开关寿命。应尽量远离强磁场或周边有导磁金属之环境,以避免干扰。

　　当负载为电容性负载或电线长度在 10 m 以上时,需要串接一个电感器(560~1 000 μH)。电感器尽量靠近磁性开关处,这样可确保磁性开关的正常动作。

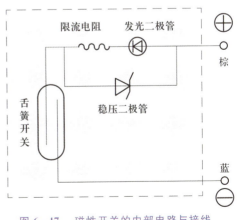

图 6-47　磁性开关的内部电路与接线

207

6.2.2 子任务2 构建工业机器人协同工作网络

1. 构建 PLC 网络

（1）与 PLC 的连接

扩展电缆的连接，FX2N-16CCL-M 可以直接与 FX0N/2N PLC 主单元连接，或者与其他扩展模块或扩展单元的右侧连接。

（2）电源接线

主站电源接线：FX2N-16CCL-M 采用直流 24 V 电源，可由 PLC 的主单元供电。FX2N-16CCL-M 提供电源时还需要接外部电源。

一种情况是使用了交流电源型的 PLC 时使用直流 24 V 工作电源，另一种情况是在外部使用稳压电源来提供电源，如图 6-48 所示。

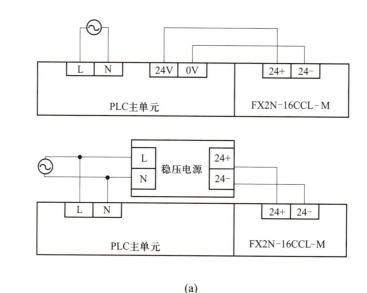

(a)

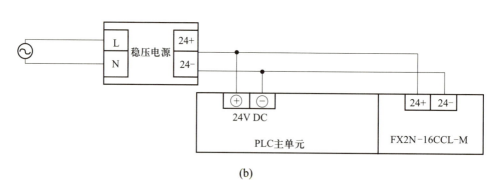

(b)

图 6-48　PLC 系统电源接线

（3）双绞电缆的规格

如果不使用推荐的双绞电缆，那么 CC-LINK 的性能就不能保证。表 6-10 是推荐电缆的型号和性能。

表6-10　推荐电缆的型号和性能

项　目	规　格	项　目	规　格
型号	FANC-SB 0.5 mm² ×3	特性阻抗	100 Ω±15 Ω
电缆类型	双绞屏蔽电缆	外部尺寸	7 mm
导体横截面积	0.5 mm²	近似重量	65 kg/km
电阻(20℃)	小于或等于 37.8 Ω/km	横截面	
绝缘电阻	>10 000 Ω/km		
耐电压	直流 500 V、1 min		
静电容量	<60 nF/km		

（4）双绞电缆的连线

如图 6-49 所示，用双绞屏蔽电缆将 FX2N-32CCL 和 CC-LINK 连接起来。

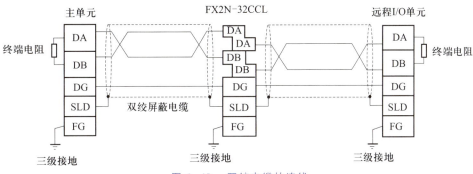

图 6-49　双绞电缆的连线

对于站号的设置，图 6-50 所示的是主站中开关的设定。

2. 数据地址的分配

① 远程输入（RX）

如图 6-51 所示，保存来自远程 I/O 站和远程设备站的输入（RX）状态，每个站使用两个字节。

② 远程输出（RY）

如图 6-52 所示，将输出到远程 I/O 站和远程设备站的输出（RY）状态进行保存，每个站使用两个字节。

③ 远程寄存器（RWw）主站→远程设备站

被传送到远程设备站的远程寄存器（RWw）中数据如图 6-53 所示进行保存。图中所列为 3 个站，最多可以有 15 个站，即地址到 21BH。每个站使用 4 个字节。

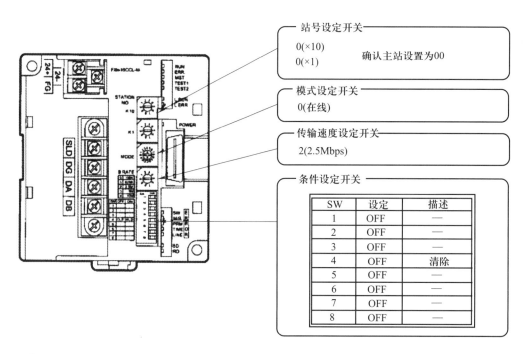

图 6-50 主站中开关的设定

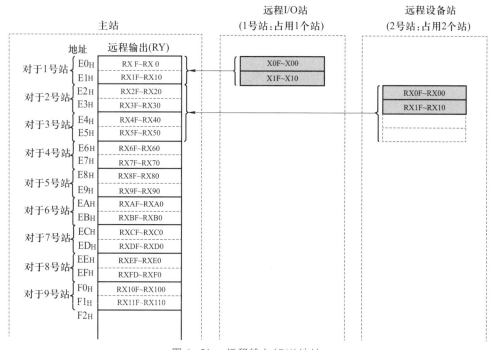

图 6-51 远程输入(RX)地址

6

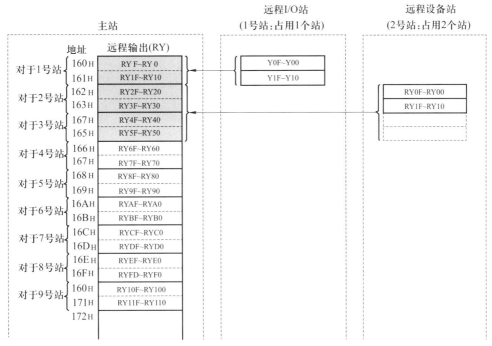

图 6-52　远程输出(RY)地址

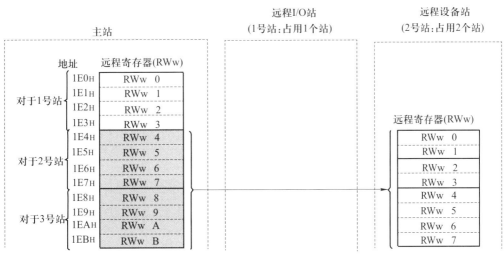

图 6-53　远程寄存器(RWw)主站→远程设备站

④ 远程寄存器(RWr)远程设备站→主站

从远程设备站的远程寄存器(RWr)中传送出来的数据如图 6-54 所示进行保存。图中所列为 3 个站,最多可以有 15 个站,即地址到 31BH。每个站使用 4 个字节。

3. 创建通信初始化程序

创建在 FX2N-16CCL-M 主站 PLC 的程序如图 6-55 所示。

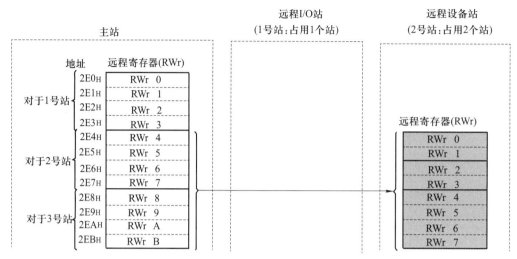

图 6-54 远程寄存器(RWr)远程设备站→主站

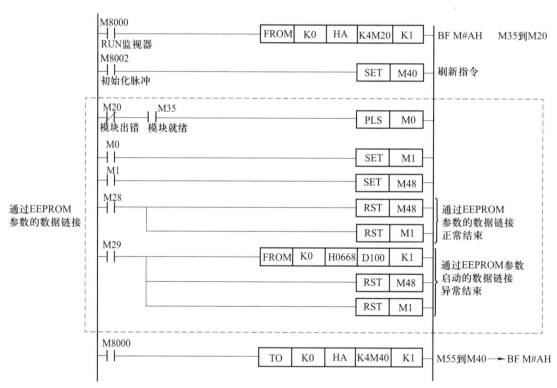

图 6-55 主站初始化程序

通过以上程序确定主站 EEPROM 参数的数据链接状态是否正确,如图 6-56 所示。

通过读取主站寄存器 H680 的数据内容来判断其他站的数据链接状态来调用通信数据链接子程序。

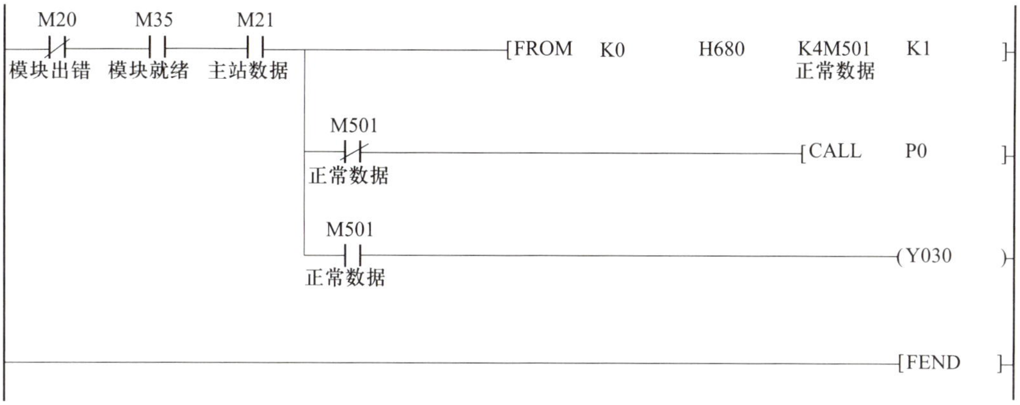

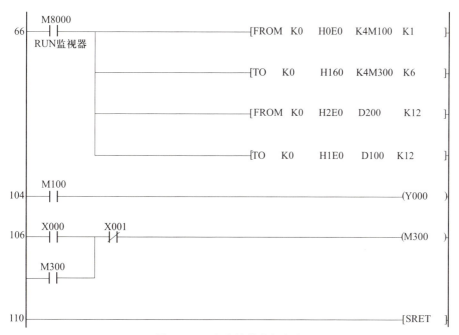

图 6-56   主站链接数据状态程序

通过调用子程序,读取远程设备站发送到主站 LINK 的数据。例如,图 6-57 所示程序的第一条是读取远程设备的输入继电器的状态并存入主站的辅助继电器 K4M100 中;第二条是把读取过来的数据经过主站 PLC 的数据处理结果写入主站的 LINK,通过 LINK 写入远程设备站的 LINK。第一条与第二条是读写远程设备的输入与输出,第三条和第四条是对远程寄存器的读写。程序 104 后面的是通过程序来确定程序的运行。

图 6-57   主站链接数据程序

6.2.3   子任务 3   工业机器人鼠标装配

任务功能简介:

① 上电通气,将两台机器人的钥匙都打到自动挡。按下绿色按钮,两台机器人同时复位。复位完成后,所有指示灯熄灭。按下红色按钮,机器人开始装配鼠标。按下急停按钮,需重新开始。

② 从站机器人将摆放好的鼠标底板夹取到安装台上,抓取电池并将其安装在底板上的电池槽内,机器人回到初始位并发出电池装配完成信号。

③ 当主站机器人接受到从站的完成信号后,将无线接收器抓取并安装到鼠标底板上的对应安装槽内,将后盖安装到底板上面,机器人回到初始位并发出装配完成信号。

④ 当主站机器人装配完成后,从站机器人在接收到信号后,将安装台上装配好的鼠标抓取到指定位置。

⑤ 重复上述流程,直至完成六次鼠标的装配。

1. 示教创建目标点

(1)主站机器人主要工作位置点

jpos10 为机器人初始位置点,p10 为机器人等待位置点。

p150 为主站机器人抓取鼠标接收器快速移动位置点,p170 为主站机器人抓取盒盖快速移动位置点。

p20、p340、p350、p360、p370、p380 为主站机器人抓取鼠标接收器位置点。

p190、p410、p420、p300、p430、p440 为主站机器人抓取后盖位置点。

(2)从站机器人主要工作位置点

jpos10 为机器人初始位置点,p10 为机器人等待位置点。

p41、p42、p43、p44、p45、p46 为从站机器人抓取底板位置点。

p300、p310、p320、p330、p340、p350 为从站机器人抓取电池位置点。

p200 为鼠标完成装配第 1 放置点,其余 5 个点以此为基准,利用 Offs 偏移指令进行确定。

鼠标装配机器人主要工作位置点如图 6-58 所示。

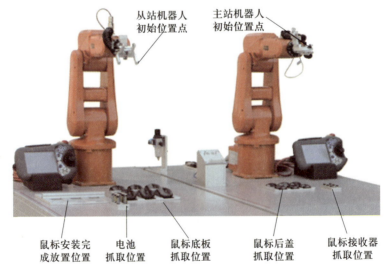

图 6-58 鼠标装配机器人主要工作位置点

2. 机器人任务程序设计

（1）主站机器人编程

主站机器人完成复位后，在接收到 PLC 发出的开始工作信号后，进入工作状态；接收到从站机器人发出的电池装配完成信号后，将无线接收器抓取并安装到鼠标底板上的对应安装槽内；将后盖安装到底板上面，机器人回到初始位置并发出装配完成信号。主站机器人的工作流程图如图 6-59 所示。

主程序如下，在主程序中包含了初始化、数据处理、抓取安装无线接收器和抓取安装后盖子程序。

```
PROC main()
    CSH;
    WHILE True DO
        WaitTime 0.3;
        WaitDI CDI05,1;
        SJCL;
        FSQ;
        HG;
        WaitTime 0.3;
    ENDWHILE
ENDPROC
```

初始化子程序如下，首先回到初始位置，然后确认打开手爪，输出信号复位，将安装数置 0，发送复位完成脉冲信号。

```
PROC CSH()
    MoveAbsJ jpos10\NoEOffs, v600, fine, tool0\wobj: = zlm815;
    Reset BDO8;
    Set BDO9;
    WaitTime 0.3;
    Reset BDO9;
    Set CDO05;
    Reset CDO00;
    Reset CDO06;
    C: = 0;
    Set CDO09;
    WaitTime 1;
    Reset CDO09;
ENDPROC
```

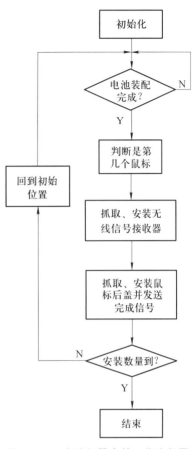

图 6-59　主站机器人的工作流程图

数据处理子程序如下,完成 6 个鼠标接收器和后盖位置的定位。

```
PROC SJCL( )
    MoveJ p10，v400，z50，tool0\wobj：= zlm815；
    C：= C + 1；
    TEST C
        CASE 1：
        pFSQ：= P20；
    ENDTEST
    TEST C
        CASE 2：
        pFSQ：= p340；
    ENDTEST
    TEST C
        CASE 3：
        pFSQ：= p350；
    ENDTEST
    TEST C
        CASE 4：
        pFSQ：= p360；
    ENDTEST
    TEST C
        CASE 5：
        pFSQ：= P370；
    ENDTEST
    TEST C
        CASE 6：
        pFSQ：= p380；
    ENDTEST
    TEST C
        CASE 1：
        pHG：= p190；
    ENDTEST
    TEST C
        CASE 2：
        pHG：= p410；
    ENDTEST
    TEST C
        CASE 3：
```

```
        pHG：= P420；
    ENDTEST
    TEST C
        CASE 4：
        pHG：= P300；
    ENDTEST
    TEST C
        CASE 5：
        pHG：= P430；
    ENDTEST
    TEST C
        CASE 6：
        pHG：= P440；
    ENDTEST
ENDPROC
```

抓取安装无线接收器子程序如下，完成无线接收器的抓取和安装。

```
PROC FSQ()
    MoveJ p150，v400，z50，tool0\wobj：= zlm815；
    MoveJ Offs(pFSQ,0,0,20)，v200，z50，tool0\wobj：= zlm815；
    MoveL PFSQ，v50，fine，tool0\wobj：= zlm815；
    Set BDO8；
    WaitDI BDI14,1；
    WaitTime 0.1；
    Reset BDO8；
    MoveJ Offs(pFSQ,0,0,50)，v100，z50，tool0\wobj：= zlm815；
    MoveJ p100，v500，fine，tool0\wobj：= zlm815；
    MoveL p90，v100，fine，tool0\wobj：= zlm815；
    MoveL p30，v10，fine，tool0\wobj：= zlm815；
    Set BDO9；
    WaitDI BDI14，0；
    WaitTime 0.1；
    Reset BDO9；
    MoveL p110，v50，fine，tool0\wobj：= zlm815；
    MoveL p120，v50，fine，tool0\wobj：= zlm815；
    MoveL p130，v100，fine，tool0\wobj：= zlm815；
    MoveL p140，v100，fine，tool0\wobj：= zlm815；
ENDPROC
```

抓取安装后盖子程序如下，完成后盖的抓取安装。

```
PROC HG()
    MoveJ p170, v300, Z30, tool0\wobj：= zlm815;
    MoveJ Offs(pHG,0,0,30), v500, fine, tool0\wobj：= zlm815;
    MoveL pHG, v100, fine, tool0\wobj：= zlm815;
    Set CDO00;
    WaitTime 0.3;
    MoveJ Offs(pHG,0,0,30), v100, fine, tool0\wobj：= zlm815;
    IF C< = 3 THEN
        MoveJ p270, v200, z50, tool0\wobj：= zlm815;
        MoveJ p180, v500, fine, tool0\wobj：= zlm815;
        MoveJ Offs(p200,0,0,30), v20, fine, tool0\wobj：= zlm815;
        Movel p200, v20, fine, tool0\wobj：= zlm815;
        Reset CDO00;
        WaitTime 0.3;
        MoveJ Offs(p200,0,0,15), v50, fine, tool0\wobj：= zlm815;
    ENDIF
    IF C>3 AND C< = 6 THEN
        MoveJ p310, v300, z50, tool0\wobj：= zlm815;
        MoveJ p320, v500, fine, tool0\wobj：= zlm815;
        MoveL p330, v20, fine, tool0\wobj：= zlm815;
        Reset CDO00;
        WaitTime 0.3;
        MoveJ Offs(p330,0,0,20), v50, fine, tool0\wobj：= zlm815;
    ENDIF
    MoveJ p230, v200, z20, tool0\wobj：= zlm815;
    MoveL p390, v50, z20, tool0\wobj：= zlm815;
    MoveL p240, v10, fine, tool0\wobj：= zlm815;
    WaitTime 0.5;
    MoveL p390, v50, fine, tool0\wobj：= zlm815;
    MoveJ p290, v150, fine, tool0\wobj：= zlm815;
    MoveL p250, v150, fine, tool0\wobj：= zlm815;
    MoveL p450, v20, fine, tool0\wobj：= zlm815;
    WaitTime 0.5;
    MoveJ p260, v200, fine, tool0\wobj：= zlm815;
    MoveAbsJ jpos10\NoEOffs, v600, fine, tool0\wobj：= zlm815;
    Set CDO06;
    WaitTime 2;
    Reset CDO06;
```

```
IF C> = 6 THEN
        Reset CD005；
        Stop；
        C：= 0；
    ENDIF
ENDPROC
```

（2）从站机器人编程

从站机器人完成复位后，在接收到 PLC 发出的开始工作信号后开始工作。首先将摆放好的鼠标底板夹取到安装台上，然后抓取电池并将其安装在底板上的电池槽内，接着机器人回到初始位并给主站机器人发出电池装配完成信号。接收到主站机器人完成装配信号后，将安装台上装配好的鼠标抓取到指定位置。从站机器人的工作流程图如图 6-60 所示。

主程序如下，在主程序中包含了初始化、数据处理、抓取鼠标底板、抓取鼠标电池、完成装配后放置子程序。

```
PROC main()
    CSH；
    WHILE True DO
        SJCL；
        WaitDI DI06,1；
        DB；
        DC；
        WaitTime 0.3；
        WaitDI DI07,1；
        ZT；
        WaitTime 0.3；
    ENDWHILE
ENDPROC
```

初始化子程序如下，先将安装数置 0，然后确认打开手爪，回到初始位置，输出信号复位，发送复位完成脉冲信号。

```
PROC CSH()
    C：= 0；
    Reset DO09；
    Set DO08；
    WaitTime 0.3；
    Reset DO08；
    Reset DO00；
    Reset DO05；
```

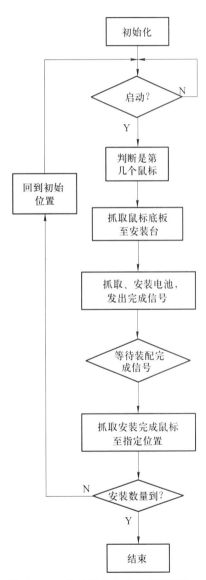

图 6-60　从站机器人的工作流程图

```
MoveAbsJ jpos10\NoEOffs，v500，z50，tool0\wobj：= zlm814；
Set DO07；
WaitTime 1；
Reset DO07；
WaitTime 0.3；
ENDPROC
```
数据处理子程序如下，完成 6 个电池的装配和装配后 6 个鼠标放置位置。
```
PROC SJCL()
    C：= C + 1；
    TEST C
        CASE 1：
        pZQ：= p41；
    ENDTEST
    TEST C
        CASE 2：
        pZQ：= p42；
    ENDTEST
    TEST C
        CASE 3：
        pZQ：= p43；
    ENDTEST
    TEST C
        CASE 4：
        pZQ：= p44；
    ENDTEST
    TEST C
        CASE 5：
        pZQ：= p45；
    ENDTEST
    TEST C
        CASE 6：
        pZQ：= p46；
    ENDTEST
    TEST C
        CASE 1：
        pDC：= P300；
    ENDTEST
    TEST C
```

```
    CASE 2：
    pDC：= P310；
ENDTEST
TEST C
    CASE 3：
    pDC：= P320；
ENDTEST
TEST C
    CASE 4：
    pDC：= P330；
ENDTEST
TEST C
    CASE 5：
    pDC：= P340；
ENDTEST
TEST C
    CASE 6：
    pDC：= P350；
ENDTEST
TEST C
    CASE 1：
    pZT：= Offs(p200,0,0,0)；
ENDTEST
TEST C
    CASE 2：
    pZT：= Offs(p200,80,0,0)；
ENDTEST
TEST C
    CASE 3：
    pZT：= Offs(p200,160, - 4,0)；
ENDTEST
TEST C
    CASE 4：
    pZT：= Offs(p200,2,130,0)；
ENDTEST
TEST C
    CASE 5：
    pZT：= Offs(p200,86,130,0)；
```

```
    ENDTEST
    TEST C
        CASE 6：
        pZT：= Offs(p200,162,130,0);
    ENDTEST
ENDPROC
```

抓取鼠标底板子程序如下，功能是将鼠标底板搬运至安装台。

```
PROC DB()
    MoveJ p10，v800，z200，tool0\wobj：= zlm814;
    MoveL Offs(pZQ,0,0,-75)，v500，z200，tool0\wobj：= zlm814;
    MoveJ pZQ，v100，fine，tool0\wobj：= zlm814;
    Set DO09;
    WaitDI DI14,0;
    WaitTime 0.3;
    Reset DO09;
    MoveL Offs(pZQ,0,0,-100)，v200，fine，tool0\wobj：= zlm814;
    MoveJ p30，v500，z50，tool0\wobj：= zlm814;
    MoveJ p50，v500，z50，tool0\wobj：= zlm814;
    MoveL p60，v20，fine，tool0\wobj：= zlm814;
    Set DO08;
    WaitDI DI14,0;
    WaitTime 0.3;
    Reset DO08;
    Set DO05;
    WaitTime 0.3;
    Reset DO05;
ENDPROC
```

抓取鼠标电池子程序如下，其功能是抓取电池并进行装配。

```
PROC DC()
    MoveJ p50，v300，fine，tool0\wobj：= zlm814;
    MoveJ p70，v500，z50，tool0\wobj：= zlm814;
    MoveL Offs(pDC,0,0,-30)，v200，z50，tool0\wobj：= zlm814;
    MoveJ pDC，v100，fine ，tool0\wobj：= zlm814;
    Set DO09;
    WaitDI DI14,0;
    WaitTime 0.2;
    Reset DO09;
    MoveL Offs(pDC,0,0,-40),v30,fine，tool0\wobj：= zlm814;
```

```
    MoveJ p100，v300，Z200，tool0\wobj：= zlm814；
    MoveJ p110，v300，z50，tool0\wobj：= zlm814；
    MoveL p130，v300，z50，tool0\wobj：= zlm814；
    MoveL p140，v50，fine，tool0\wobj：= zlm814；
    Set DO08；
    waitdi DI14,0；
    WaitTime 0.3；
    Reset DO08；
    MoveL p120，v500，z50，tool0\wobj：= zlm814；
    MoveJ p150，v200，z50，tool0\wobj：= zlm814；
    MoveL p160，v20，fine，tool0\wobj：= zlm814；
    WaitTime 0.5；
    MoveL p150，v100，fine，tool0\wobj：= zlm814；
    MoveAbsJ jpos10\NoEOffs，v800，fine，tool0\wobj：= zlm814；
    Set DO00；
    WaitTime 1；
    Reset DO00；
ENDPROC
```

完成装配后放置子程序如下，其功能是将装配后的鼠标搬运至指定的 6 个位置。

```
PROC ZT()
    MoveJ p170，v800，Z200，tool0\wobj：= zlm814；
    MoveL p180，v1000，fine，tool0\wobj：= zlm814；
    Set DO09；
    WaitDI DI14,0；
    WaitTime 0.3；
    Reset DO09；
    MoveL p170，v500，fine，tool0\wobj：= zlm814；
    MoveJ p190，v600，z100，tool0\wobj：= zlm814；
    MoveL Offs(pZT,0,0，- 80)，v400，z20，tool0\wobj：= zlm814；
    MoveL pZT，v100，fine，tool0\wobj：= zlm814；
    Set DO08；
    WaitDI DI14,0；
    WaitTime 0.3；
    Reset DO08；
    MoveL Offs(pZT,0,0，- 68)，v50，z200，tool0\wobj：= zlm814；
    MoveAbsJ jpos10\NoEOffs，v600，fine，tool0\wobj：= zlm814；
    Set DO01；
    WaitTime 1；
```

```
Reset DO01;
IF C>5 THEN
      Stop;
      C: = 0;
ENDIF
ENDPROC
```

3. PLC 任务程序设计

PLC 的功能主要是将开关、按钮等主令信号发送给主站和从站机器人,同时收集主站和从站机器人的状态信息。由于 PLC 与主站机器人采用 CC-LINK 通信,因此 PLC 配有 CC-LINK 通信模块。主站机器人配有 DSQC378B 模块进行 CC-LINK 和 DeviceNet 协议的转换,PLC 与从站机器人通过 I/O 直接进行通信。在进行 CC-LINK 通信时,PLC 为主站,主站机器人为 1 号站。通信时采用 FROM、TO 指令。

(1)建立 CC-LINK

通过读取 EEPROM 参数确认数据链接状态是否正确,如图 6-61 所示。

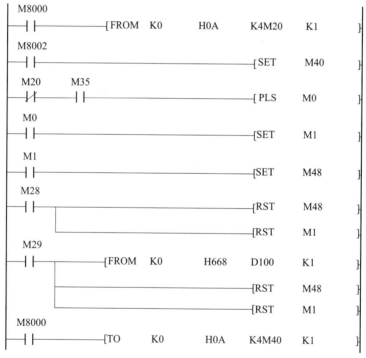

图 6-61 确认数据链接状态程序

(2)建立通信数据链接

CC-LINK 通信时,将主站机器人发送来的数据存放在 M600~M615,而将 PLC 需要发送至机器人的数据先存放在 M500~M515,如图 6-62 所示。

与从站机器人的 I/O 通信则比较简单,可直接对 PLC 的 I/O 进行读写操作。

CC-LINK 通信数据见表 6-11。

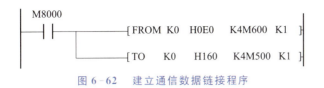

图 6-62　建立通信数据链接程序

表 6-11　CC-LINK 通信数据

PLC 端	主站机器人	信号含义
X3	CDI00	Motors On
X0	CDI03	Reset Emergency Stop
X1	CDI01	Start at Main
X4	CDI04	Stop
M505	CDI05	从站机器人完成电池装配 OK
M609	CDO09	复位完成
M605	CDO05	主站的底板和电池安装信号
M606	CDO06	主站机器人后盖装配完成 OK
M600	CDO00	手爪吸盘工作

I/O 通信数据见表 6-12。

表 6-12　I/O 通信数据

PLC 端	从站机器人	信号含义
X3	DI11	Motors On
X0	DI12	Reset Emergency Stop
X1	DI09	Start at Main
X4	DI10	Stop
Y4	DI06	主站的底板和电池安装信号
Y5	DI07	主站机器人后盖装配完成 OK
X17	DO07	从站机器人复位完成
X10	DO00	从站机器人完成电池装配 OK
X15	DO05	工作台吸盘启动
X11	DO01	从站机器人搬运鼠标完成

（3）编写数据通信程序

数据通信程序（图 6-63）的作用是在主站机器人和从站机器人间进行信号传输。

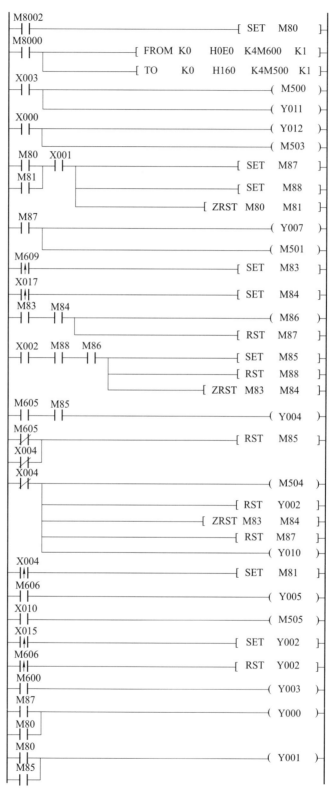

图 6-63　数据通信程序

在 YL-399A 型工业机器人实训考核装备和 YL-R120B 鼠标装配实训系统上进行实战,同时结合焊机、PLC、气动等综合应用,通过网络实现两台工业机器人的协同工作,从"虚"到"实",真正体会了工业机器人的应用。

从软件仿真到真实设备,从虚拟到实战,练习了工业机器人系统应用配置、编程和调试,也可在亚龙工业机器人实训考核装备上进行任务比赛,为今后能更多地选取企业真实设备进行学习打下基础。

第七篇 拓展篇——工业机器人"神通广大"

世界上没有所谓最好的工业机器人,但有在某个领域最先进的工业机器人。各种工业机器人各有所长,也各有所短,没有工业机器人"冠军"。同时,到目前为止,世界上还没有一家能生产全部品种规格的工业机器人工厂。也就是说,没有一家工业机器人厂商能满足所有客户的全部需求。

智能化、仿生化是工业机器人的最高阶段。随着材料、控制等技术不断发展,实验室产品越来越多的产品化并逐步应用到各个场合。伴随移动互联网、物联网的发展,多传感器、分布式控制的精密型工业机器人将会越来越多,逐步渗透制造业的方方面面,并且由制造实施型向服务型转化。

●●● 7.1 拓展案例1 多机器人协同工作 ●●●

图 7-1 所示的是机器人"千手观音"的表演。在音乐的配合下,虽然每个机器人做出不同的动作,但又是那么井然有序,默契地相互配合,像是一支训练有素的部队。图 7-2 所示的是在一条汽车生产线上很多在工作的工业机器人,每个机器人都在忙不同的工作,有焊接、铆钉、涂胶、喷漆等,它们同样是协同一致而又高效率。

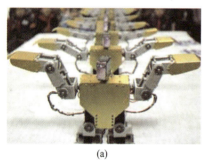
(a)

(b)
(c)

图 7-1　机器人千手观音

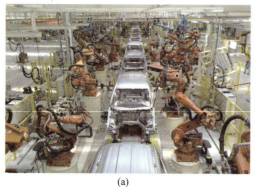
(a)

(b)

图 7-2　汽车生产线上的"机器人团队"

流水线上这么多的机器人同时在工作，没有统一的指挥，它们相互之间不会"打架"吗？在汽车制造生产线上，整排的机器人在同时井然有序地工作。随着机器人执行任务的复杂性不断提高，由于单个机器人体现出价格高、灵活性差、能力差、效率低等缺点，因此多机器人系统逐渐成为机器人发展的主要趋势。

目前，机器人的应用工程由单台机器人工作站向机器人生产线发展，机器人控制器的联网技术变得越来越重要。控制器上具有串口、现场总线及以太网的联网功能，可用于机器人控制器之间和机器人控制器同上位机的通信，便于对机器人生产线进行监控、诊断和管理。

我国关于多机器人系统的研究相对于国外起步较晚，尽管代表性的研究（如工业机器人、水下机器人、空间机器人和核工业的机器人等）在国际上处于领先水平，但与发达国家相比，我国总体上还存在很大的差距，这已逐渐引起人们的重视。而国外的研究比较活跃，欧盟、日本及美国作为制造业的领先者，都提出了多机器人系统解决方案，见表7-1。

表 7-1　多机器人系统解决方案

欧盟	MARTHA 课题"用于搬运的多自主机器人系统（Multiple Autonomous Robots System for Transport and Handing Application)
日本	ACTRESS 系统是通过设计底层的通信结构而把机器人、周边设备和计算机等连接起来的多机器人智能系统
	CEBOT 系统中，每个机器人可以自主地运动，没有全局的世界模型，整个系统没有集中控制，可以根据任务和环境动态重构，具有学习和适应的群体智能
美国	SWARM 系统是有大量自治机器人组成的分布式系统，其主要特点是机器人本身被认为无智能，它们在组成系统后，将表现出群体的智能。美国海军研究部和能源部也对多机器人系统的研究进行了资助

多机器人协同工作的主要问题包括体系结构、相互协调、通信和感知学习等。

1. 多机器人体系结构

机器人体系结构是指系统中各机器人之间的信息关系、控制关系和问题求解能力的分布模式。它定义了整个系统内的各机器人之间的相互关系和功能分配，确定了系统和各机器人之间的信息流通关系及其逻辑上的拓扑结构，决定了多机器人之间的任务分解、分配、规划和执行等过程的运行机制以及各机器人所担当的角色，提供了机器人活动和交互的框架。

从控制角度分析，多机器人组织结构可分为集中控制方式、分布控制方式以及集中与分布控制方式相结合的混合控制方式，三种方式的特点及比较见表7-2。

2. 多机器人之间的相互协调

多机器人系统的优点是机器人之间可以相互协调，共同完成任务，这也是多机器人系统中最关键的技术。对于多机器人之间的协调，要解决多机器人之间的协作、多机器人之间的避障行为和防止死锁等三方面的问题。

多机器人之间的协作体现的机器人之间的团队精神，是机器人为了完成共同的目标而进行合作。比较典型的多机器人之间的协作是机器人保持队形和搬运物体。机器人个体不但要考虑个体的需求,也要考虑整体的需求。

多机器人之间的避障属于动态避障行为。由于系统中各个机器人是移动的,环境的状态也是实时变化的,因此若系统对各机器人的路径进行全局规划,则很有可能降低系统实时性。基于传感器的避障行为则可以对动态的障碍物做出及时的响应,目前主要用人工势场法来解决动态和静态避障行为。

表 7-2　多机器人组织结构的特点及比较

集中控制方式 (适合紧密协调工作方式)	分布控制方式 (适合松散协调工作方式)	混合控制方式 (克服紧密和松散协调工作方式的不足)
机器人分为主机器人和从机器人两种,主机器人负责任务的动态分配和调度,对各机器人进行协调,具有完全的控制权。 该控制方式的特点是:降低系统的复杂性,减少机器人之间直接协商通信的开销,但要求主机器人具有较强的规划处理能力,系统协调性较好。但其实时性和动态性较差	没有任何集中控制单元,系统各机器人之间的地位平等,没有逻辑上的隶属关系,彼此行为的协调是通过机器人之间的交互来完成的。每个机器人本身有能力解决面临的问题,它们协作完成整体的共同目标,具有较高的智能和自治力。这种结构有较好的容错能力和可扩展性;但对通信要求较高,多边协商效率较低,有时无法保证全局目标的实现	在多机器人系统中加入一定程度的中心协调有助于提高整体性能和效率,可避免各独立机器人的"自我中心"倾向,促进资源的利用率。既提高了协调效率,又不影响系统的实时性、动态性、容错性和可扩展性

死锁是多机器人系统经常遇到的问题。机器人的任务死锁是指机器人执着于执行一件自己"力所不及"的任务,从而丧失了完成其他任务的可能。对于多机器人任务协作时的死锁问题,常用自适应衰减因子的方法来解决。在人工势场中,一般会出现局部最优点,可以利用传感器信息,将静态避障行为"follow_wall"的方法来解决死锁问题。

3. 多机器人之间的通信

多机器人系统中的通信可以大大提高系统的运行效率。机器人之间的通信方式有显式通信和隐式通信两类。显式通信是指使用硬件设备产生的一种开销大的、不可靠的、用于机器人之间协调的通信方法,隐式通信是利用机器人的行为对环境产生的变化来影响其他机器人的行为。由于在隐式通信中(如蚁群算法等),虽然机器人一般只有简单的智能,但是单个机器人的失误不会对整体的行为造成很大的影响,因此隐式通信有较高的鲁棒性。

为了达到系统的实时性,通信的内容不能过于复杂。随着机器人数量的增加,依靠通信进行协调的系统复杂度会呈指数增长。在某些干扰很大的环境中,如水下,尤其是浅水区域,非常需要一种有效、可靠的通信协议。目前,多机器人之间的通信主要采用无线通信的方式,且多使用CSMA/CD、CSMA/CA通信协议,时延、冲突都是应当考虑的问题。使用基于强化学习的自适应通信协议,各个机器人可以拥有不同的语言内容,通过学习可以使系统能灵活地适应不同的环境。

4. 多机器人的感知学习

在不断变化的环境中,机器人应当有能力感知环境的变化。如果机器人过于依赖信息,那么当机器人数量增加时,就会因系统的通信负担增大而降低系统运行的效率。因此,机器人的感知能力非常重要。例如,在蚁群算法中,由于机器人之间没有通信,因此感知是必不可少的。

传统的多机器人系统的研究都是在具体问题上进行的。当任务发生变化时,它们的体系结构、协作策略和通信机制都会发生变化。此外,从感知和通信获得的知识得到理想的行为控制参数,对机器人来说比较困难。因此,为了获得适合的参数并使它适应环境的变化,在系统中加入学习机制也是非常重要的。目前,神经网络和强化学习的方法的使用比较广泛。

●●● 7.2 拓展案例2 机器人的"五官" ●●●

智能机器人的三个要素包括思考要素(大脑→计算机)、运动要素(肌体→执行机构)和感觉要素(五官→传感器)。感觉要素使机器人具有感知环境的能力,用传感器采集信息是机器人智能化的第一步。

机器人自身的工作状态、机器人智能探测外部工作环境和对象状态等,都需要借助传感器这一重要部件来实现。同时,传感器还能够感受规定的被测量,并按照一定的规律转换成可用输出信号。

触觉传感器、视觉传感器、倾角传感器(或倾角模块)、力觉传感器、近觉传感器、超声波传感器和听觉传感器等多类型传感器都已经普遍被应用在机器人上。这些传感器使得机器人更具有感知功能,能够实现更加复杂的分析和更好地完成工作,大大改善了机器人工作状况,如图7-3所示。

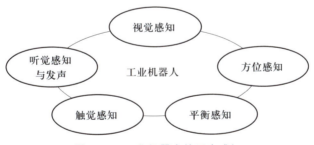

图7-3 工业机器人的五大感知

组合传感器的出现将视觉、听觉、压觉、热觉、力觉等感知传感器组合在一起,形成体积更小、重量更轻、功能更集成的传感器。组合传感器在机器人设计中的应用,使得机器人拥有更灵敏的感知系统,能够更好地对外界环境作出响应,完成工作。

1. 工业机器人的视觉系统

视觉是人类获取外界信息的重要方式,人类靠感觉器官获取的信息中有80%是由视觉获得的。为了使机器人更加智能,适应各种复杂的环境,视觉技术被引入到机器人技术中。机器人视觉系统是一种简化了的计算机视觉系统,它着眼二维图像的处理,注重视觉原理的工程实现技术。一般所说的机器人视觉大多数即指与机器人配合操作的工业视觉系统,如图7-4所示。

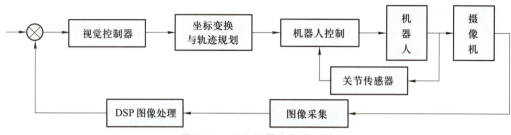

图 7-4　工业机器人视觉系统

（1）视觉系统的分类

机器人视觉技术可以分为单目视觉、双目视觉和全景视觉三类，下面介绍前两种。

移动机器人的单目视觉在已知对象的形状和性质或服从某些假定时，虽然能够从图像的二维特征推导出三维信息，但是一般情况下从单一图像是不可能直接得到三维环境信息的，如图 7-5 所示。

人的双眼利用稍有不同的两个角度去观察客观的三维世界的景物，双目视觉测距法是仿照人类利用双目感知距离的一种测距方法，如图 7-6 所示。运用完全相同的两个或者多个摄像机对同一景物从不同位置成像获得立体像对，由于几何光学的投影，因此离观察者不同距离的物点在左、右两眼视网膜上的像不是在相同的位置上。这种在两眼视网膜上的位置差称为双眼视差，它反映客观景物的深度或距离。

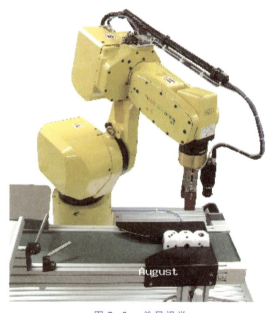

图 7-5　单目视觉

图 7-6　双目视觉

（2）视觉系统的功能

在生产线上的目视检查和装配自动化方面的视觉系统的种类较多，但其作用大致可分为分类、定位和检查等三种。图 7-7 所示是视觉系统在焊缝跟踪的焊接上的应用，图 7-8 所示是视觉系统在涂胶上的应用。分类是指对零件的识别,即按照预先知道的零件标准,将零件盒中或传送带上混杂在一起的零件进行区别分类。定位是指对被操作零件的位置、姿态的测定,以便为装配等操作提供必要的信息。例如,用视觉系统检测螺栓的位置,把这个信息再传给机器人,然后机械手进行操作。检查是指用视觉系统代替人来进行目视检测。例如,查找印制电路板的伤痕、药片和胶囊的检查以及标记食品的等级等,都可用于视觉系统来完成。

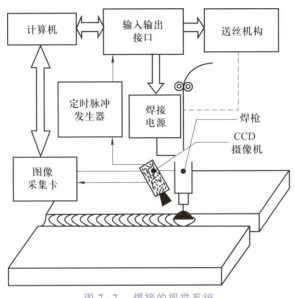

图 7-7　焊接的视觉系统

2. 工业机器人的听觉系统

工业机器人语音识别包括特定人识别和非特定人识别,前者是指针对特定的人,后者是指针对不同的人。机器人语音识别过程主要包括两方面:一方面是对已知语音信号特征参数进行训练,建立模型;另一方面是在模板的基础上进行识别,计算最大概率,做出判断。机器人语音识别流程如图 7-9 所示。

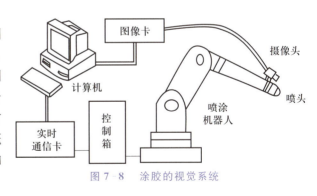

图 7-8　涂胶的视觉系统

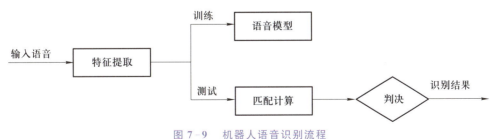

图 7-9　机器人语音识别流程

实现工业机器人语音识别主要需要解决语音噪声、语音信号的预处理和特征提取,语音模型的建立与训练,测试语音与模型的匹配计算、识别与判决(即根据匹配计算的结果,采用某种判决准则判断说话者的内容)等问题。

3. 工业机器人的触觉系统

工业机器人的触觉系统关键元件是触觉传感器,它负责检测和感知机器人与环境的直接作用。这种作用是机械手与对象接触面上的力感觉,是检测冲击、压迫等机械刺激的综合感觉,一般包括接触觉、压觉、滑觉、力觉及冷热觉等。触觉传感器可以用来进行机械手抓取,也可以感知物体的形状和软硬。

图 7-10 所示的是日本东海大学研制的营救机器人,营救机器人手爪及传感器分布如图 7-11 所示。营救机器人在手爪上集成了力/力矩传感器、触觉阵列传感器和滑觉传感器。

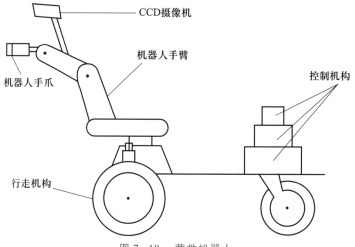

图 7-10 营救机器人

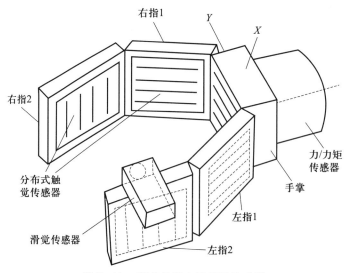

图 7-11 营救机器人手爪及传感器

（1）分布式触觉传感器

作为机器人的手指，分布式（阵列）触觉传感器检测接触压力及其分布。营救机器人手爪采用压力敏感橡胶和条状胶片电极构成的触觉阵列传感器，用来控制处理不规则物体的夹持力。条状胶片电极只用一面，共有 16 根，其中 8 根作为地线，另外 8 根作为信号线，这样在每个手指部位可以检测连续接触电压。为了检测一个平面的平衡压力，这种线传感器在第一个指节上沿纵向布置，而在第二个指节上沿横向布置。在手掌底部内表面也布置了条状触觉传感器阵列。

接触力首先转换为导电橡胶的电阻，通过测量电压降检测接触力。所有电极数据通过 I/O 接口送往处理器，如图 7-12 所示。

（2）力/力矩传感器

力/力矩传感器为谐振梁应变传感器，测力矩范围为 100 kg·cm，通过串口连接到计算机。传感器坐标系中，沿手的方向为 Z 方向，夹持方向为 Y 方向，X 方向为 Y 方向、Z 方向的法线方向。

（3）滑觉传感器

"滑"是指被抓取的物体在手中的位移，滑觉传感器是一种球式滑觉传感器。当夹持的物体在手中位移时，滑觉传感器带动球旋转。球的转动传递给带有狭缝的转盘，采用光电传感器检测转盘的旋转，输出脉冲信号。滑觉传感器原理如图 7-13 所示，传感器安装在机械手爪的上端，通过弹簧压在夹持的物体上。滑觉传感器可在两个方向上检测滑移，分辨率为 1 mm，检测范围最大为 50 mm，可以检测的最大滑移速度为 10 mm/s。

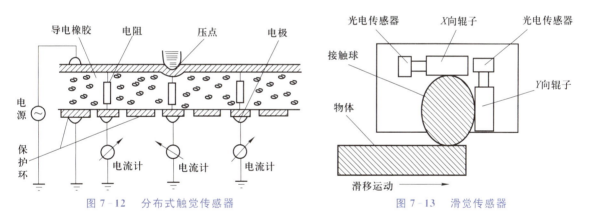

图 7-12　分布式触觉传感器　　图 7-13　滑觉传感器

●●●● 7.3　拓展案例 3　全球最先进的机器人 ●●●●

机器人系统不断发展并渐渐渗透进了人类的诸多生活领域内，包括制造业、医学、远程探测技术、娱乐、安全和私人助理等。下面的图片展示的是人类制造出的最棒、最新的机器人，它们让我们看到了未来。

1. 牙疼机器人

如图 7-14 所示，牙疼机器人 Hanako 是日本的医生和机器人研究人员推出的一款仿人机器人，它不仅可以通过眨动眼睛和像病人那样流口水，而且可以表达疼痛的表情。Hanako 可作为牙科学生的演练工具，并用来测验和评估牙科学生的技能水平。

具有女性外形的机器人 Hanako 面部表情非常丰富，甚至能够开口说话："请多多关照。"当牙科学生钻孔钻得过多或者钻的地方不对时，Hanako 会说："你碰疼我了。"然后不断地摇动其塑料材质的头部。牙科学生会根据机器人的表现来做出修正。

图 7-14　牙疼机器人 Hanako

2. 手术机器人

手术机器人是一位医疗保健一眼五臂的"医生"。有人预测："25 年后，手术台前也许看不到大夫，主刀的将是机器人"。如图 7-15 所示，国内首台微创外科手术机器人"妙手 A"在操作人员的控制下，演示着外科大夫在手术中常做的对捏、剪切、缝合、打结等操作。这些都是在和手术台完全独立的一部控制器前完成的，手术台前的主刀大夫是一台具有一眼（内墙窥视镜）、五臂（手持各种手术器械的机械手）的机器人。

图 7-16 所示是马萨诸塞州米尔顿的米尔顿医院泌尿科医生克利福德·格鲁克（Clifford Gluck）正在操作"达·芬奇"机器人系统。

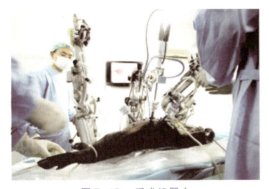

图 7-15　手术机器人

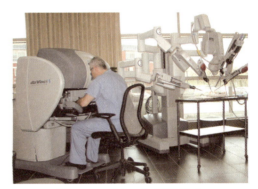

图 7-16　"达·芬奇"机器人

3. 机器人服务员

如图 7-17 所示，在泰国首都曼谷的一家日本餐馆，机器人服务员为客人上菜。这家日本餐馆是泰国首家拥有机器人服务员的餐馆，顾客可以通过电子触摸屏进行点菜，机器人则会带来相应的服务。机器人服务员不仅可以有节奏地跳舞，还能够自动到餐桌为客人收走空盘子。

图 7-17　机器人服务员

　　如图 7-18 所示,日本东京的早稻田大学机械工程系实验室开发的"机器人21"的指间正在灵巧地抓取一根吸管,展示出它对细小物体的操纵能力。菅野茂树(Shigeki Sugano)博士领导早稻田大学的一个科研组研发了这种非常先进的机器人,他们希望这些机器人能帮助老年人。

　　如图 7-19 所示,在东京举行的卫生机器人展览活动中,被称作"My Spoon"的机器人助手正在给日本政府高官喂饭吃。日本 Secom 公司研发的这款"My Spoon"机器人是为了帮助残疾人利用嘴巴、手或脚控制一个操作杆吃饭。

图 7-18　机器人 21

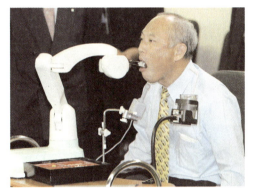
图 7-19　喂饭机器人

4. 地外探测车

　　如图 7-20 所示,美国宇航局的"全地形六腿地外探测车"正在穿越与迪蒙沙丘接壤的加州地区。"全地形六腿地外探测车"经过特殊设计,将能在未来的月球任务中像阿波罗飞船一样穿越极端起伏不平的地形,并能攀越极其崎岖或者陡峭的地形。

　　如图 7-21 所示,美国航空航天局的新型地球探测车 GROVER 正在格陵兰的最高点进行工作。该探测车可以经得住零下 30 ℃的低温和 37 km/h 的大风。

图 7-20　全地形六腿地外探测车

　　图 7-22 所示是日本东芝公司的探测机器人,它可以到被核辐射的福岛核电站进行探测去污工作任务。

图 7-21　地球探测车 GROVER

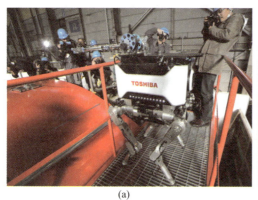
(a)

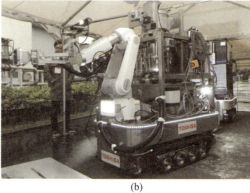
(b)

图 7-22　东芝公司的探测机器人

5. 娱乐机器人

图 7-23 所示的是丰田汽车公司的机器人在陈列室中正在演奏乐器。图 7-24 所示是科威特的骆驼竞赛俱乐部,背着机器人骑师的骆驼正在比赛。

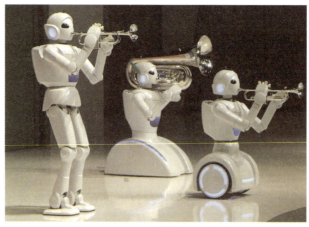

图 7-23　演奏机器人

图 7-24　机器人骑师

6. 保安机器人

如图 7-25 所示,在东京举办的一次展览中,一位模拟入侵者躺在遥控保安机器人 T-34 身边的地上正在网中挣扎,这张网是 T-34 机器人发射的。T-34 的用户可通过该机器人的照相机看到运动的物体图像,并可利用手机控制这种机器人。T-34 机器人具有对体温和声音产生反应的传感器,通过遥控可以发射出一张网,捉住入侵者。

图 7-25　保安机器人

图 7-26 所示的是 Dok-Ing 公司研发的 MVF-5 多功能机器人灭火系统正在国际应急管理学会的年会上进行表演。

7. 人形手器人

如图 7-27 所示,在伦敦科学博物馆里,一名观众在和名叫"贝尔蒂"(Berti)的机器人握手。它是跟真人一样大的人形机器人,设计师制造它的目的是模仿人类手势。

如图 7-28 所示,德国中部汉诺威举行的世界最大规模的高科技展览会 CeBIT 上观看人形遥控系统"Rollin Justin"表演调制速溶茶。

图 7-26　多功能灭火机器人

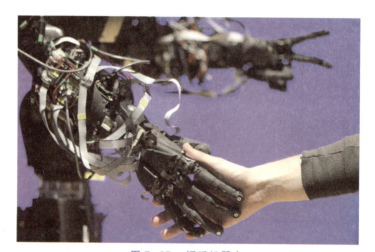

图 7-27　握手机器人

图 7-28　机器人调制速溶茶

8. 人脑意念机器人

日本本田汽车公司日前开发出一种新技术,可以将大脑思维与机器人相连接,也许将来有一天,像打开汽车行李箱或控制室内空调这样的动作都可以由机器人来替人完成。

如图7-29所示,在一个人想象4个简单动作,如移动右手、移动左手、跑步和吃饭时,使用可阅读头皮上电流模式以及大脑血流变化的技术来分析人在此时的思维模式,然后通过无线方式把信息传输给人形机器人阿西莫(ASIMO),阿西莫对大脑信号作出回应动作。

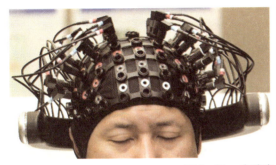 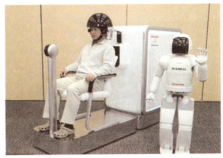

图7-29　人脑意念机器人

"十二五"期间,我国服务机器人专项围绕国家安全、民生科技和经济发展的重大需求,着力突破制约我国服务机器人技术和产业发展的关键技术,不断推出更具应用价值和市场前景的产品,积极探索新的投融资模式和商业模式,努力打造若干龙头企业,把服务机器人产业培育成我国未来战略性新兴产业。

服务机器人领域各类热门产品不断涌现。特种作业机器人的热门产品主要有极限作业机器人、反恐防暴机器人、应急救援机器人、侦察机器人、作战机器人和战场运输机器人等,医疗康复机器人的热门产品主要有微创外科手术机器人、血管介入机器人、肢体康复机器人、人工耳蜗和智能假肢等,家政服务与教育娱乐机器人的热门产品主要有清洁机器人、教育娱乐机器人和信息服务机器人等。我国的服务机器人产品也崭露头角,已初步形成了水下自主机器人、消防机器人、搜救/排爆机器人、仿人机器人、医疗机器人、机器人护理床、智能轮椅和烹饪机器人等系列产品,显示出一定的市场前景。

7.4　拓展案例4　机器人"奥运会"

在一些科幻大片里,机器人普遍存在于未来世界,成为人类的伙伴、保姆、家庭成员,甚至可能统治世界。在现实世界里,机器人发展到什么程度了? 为了推动机器人研究,美国国防部高级研究计划局(DARPA)日前举办了"机器人奥运会",测试机器人的灾难救援能力,如图7-30所示。

本届机器人挑战赛在美国佛罗里达的霍姆斯特德举行,整个赛场都被布置成重灾区。DARPA称,2011年日本福岛核事故加速推动了这项赛事。在控制核泄漏的行动中,机器人起到的作用非常有限。"我们意识到,这些机器人除了观察,做不了任何其他事情",机器人比赛项目主管吉尔·普莱特说:"他们需要的是一个能走进核电站、关掉阀门的机器人。"

DARPA 表示,这届"机器人奥运"的目标是推动开发出可以在险恶环境下行走的机器人,并且可以抵抗突发灾难。因此,特定量身定做八大任务。如果机器人能独立完成这些任务,那么意味着未来能在灾难救援任务中扮演关键角色。

在刚落下帷幕的 2014 年消费电子展中,机器人技术展区在互联网上吸引了大量的眼球。21家顶级的机器人公司参加了展会,有很多看点,表 7-3 所示的是 2014 年消费电子展中 5 个最热门的机器人。

(a) 日本 Schaft 公司机器人 HRP-2

(b) 波士顿动力公司的人形机器人 Atlas

(c) NASA 喷射推进实验室的机器人 RoboSimian

(d) 美国一家科技公司的机器人 Chiron

(e) 日本Schaft公司机器人HRP-2在爬梯   (f) 维吉尼亚理工大学的机器人Thor试图将喷嘴连接到墙上

图 7-30   参赛机器人

表 7-3   2014 年消费电子展中 5 个最热门的机器人

机器人名称	机器人描述	机器人图片
无人驾驶穿梭巴士	目前 Navia 已经在瑞士、英国、新加坡上市运营，它能容纳 8 名乘客，并能通过智能手机召唤和编程。为保证安全，它使用激光绘图技术和传感器来监控巴士的加速和运行。Navia 的最大速度达 20.12 km/h，非常适合在城市中心区、工厂或者复合建筑群中使用，而且通过感应充电，其可以连续运作	
遇见新发明——棋盘游戏	Ozobot 的直径为 2.54 cm，圆形的顶部带有多种用于进行智能游戏的传感器。外壳的设计非常人性化，可以随用户喜好定制；内部则都是高科技器件：双微型马达和一个能够识别精密图案、色彩、光线和智能编码的图像传感器阵列。Ozobot 能够检测所处表面并进行相应的游戏。兼容 Android 和 iOS 操作系统，它初始配有四款特有的游戏应用	
未来之家——All in one Pod	一个移动的蛋形圆顶物体 Keecker——新的"it"科技生活方式的机器人。Keecker 的目的是无缝连接各种家庭娱乐设备，重点是无线连接。它能够将视频、家庭照片和室内装饰，甚至网页内容投影到任何表面；能够通过手机或平板电脑远程检查家用电器和在睡梦中的孩子	

续表

机器人名称	机器人描述	机器人图片
最佳商业媒介机器人	FURO-D 机器人的出现重新定义了数字广告标准。其可爱酷似人类的脸,配有 Kinect 传感器。掌握多种语言,还配有一台 32 in 的触摸显示屏,FURO-D 通过互动将路人变成广告主的潜在顾客。在商场、电影院和娱乐中心,FURO-D 对信息的交互和应答式的展示,给用户提供了多款预告片,折扣优惠以及场馆信息等信息,使用户在主动的环境中浏览广告	
野心勃勃的 Parrot	Jumping Sumo 和 MiniDrone 两者都可以通过智能手机控制,体积小、重量轻、易控制,而且在室内也可以玩。Jumping Sumo 可以周围滚动,快速旋转和 90°急转弯,从外表看不出来的是跳高能力,其能跳至离地面 3 ft 的地方。MiniDrone 带有可拆卸轮子,也可以滚动。而且该轮子还可以作为转子的保护,在两者的共同作用下,MiniDrone 可以沿墙壁爬行,甚至在天花板穿行	

• • • • 7.5 拓展案例5 机器人的未来 • • •

机器人正经历一个神奇的时代,未来会更加精彩。一些机器人行业的长期观察员(包括自动化领域和著名的机器人博客 Hizook)认为,3D 遥感、协作机器人、云机器人、力控制下的柔顺驱动器、基于智能设备机器人、无人驾驶汽车、无人机、网真机器人和仿生学等将会是机器人技术的大趋势。

1. 云机器人

云机器人是云计算与机器人学的结合。就像其他网络终端一样,机器人本身不需要存储所有资料信息或具备超强的计算能力,只是在需要的时候可以连接相关服务器并获得所需信息。

云机器人并不是指某个机器人,也不是指某类机器人,而是描述机器人信息存储和获取方式的一个学术概念。这种信息存取方式的好处是显而易见的。例如,机器人通过摄像头可以获取一些周围环境的照片,上传到服务器端;服务器端可以检索出类似的照片,可以计算出机器人的行进路径来避开障碍物,还可以将这些信息储存起来,方便其他机器人检索。所有机器人可以共享数据库,减少开发人员的开发时间。

RoboEarth 是专门为机器人服务的一个网站,它拥有一个巨大的网络数据库系统。机器人在这里可以分享信息、互相学习彼此的行为与环境,如图 7-31 所示。单个机器人是孤立的,其功能和行为在出厂时基本已经设定好了,而且很多机器人不具备自我学习能力。因此,当机器人处于陌生的、非结构化的环境时,就不能读懂环境并有效应对一些事情。面对人类生活环境的多样性,能否让机器人具备自我学习的能力呢? 如今快速发展的传感器技术可以让研究者们收集大量的传感器信息,数据挖掘工具也能够提取更有效的模型,强大的互联网技术(如云计算)可以让开发者获取比机器自我学习更多的信息。

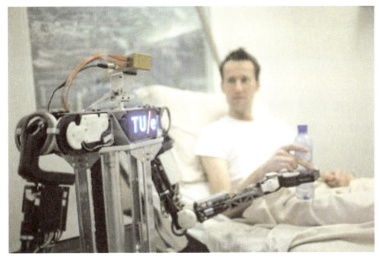

图 7-31　RoboEarth 系统

2. 3D 遥感

一个奇怪的装饰开始出现在许多机器人头上,这就是现在流行的微软 Kinect 3D 传感器,如图 7-32 所示。由于 Kinect 价格低廉且使用方便,可以绘制 3D 地图和作为动作传感器,因此成为机器人社区的最爱。人们一直在寻找一种低成本的设备替代激光测距仪,现在 Kinect 可以在室内帮忙实现。Kinect 2 即将发布,它具有更高的分辨率和帧速率。

一家大型咖啡烘焙工厂通过引入 3D 视觉系统,成功将咖啡豆进料的速度提高 100%。这是一套采用机器视觉系统引导的智能机器人工作单元,采用先进的 3D 视觉系统和高端的基于 PC 的软件,建立一个 3D 环境模型,模拟给料机器人的操作。在具体应用中,3D 视觉系统通过三角测量获得的距离数据,可以为每一袋咖啡豆都建立模型。例如,每个托盘上可以盛放 20 袋咖啡豆,每层 5 袋,分为 4 层。计算机会对一层上每一条麻袋进行建模。接下来,通过先进的算法运行模型,识别出这些包装袋的特征,确定每一条麻袋的准确位置和方向,获取这些信息后为机器人对每一袋咖啡豆的拾取有很大帮助。

图 7-32　Kinect 绘制机器人

3. 柔软的触感机器人

机器人与人互动时,安全是首要问题。常规的工业机械手臂在工厂作业没什么问题,但要想机器人和人密切合作,柔软的触觉机器人就非常有必要。未来可以看到更多力控制下的柔顺驱动器和触觉传感技术的改进,如 Meka 公司的 M1 机器人,如图 7-33 所示。此外,希望研究人员跳出"条条框框"限制,开发新的更聪明的驱动器,避免使用机械驱动装置。有许多"柔软的机器人"感觉上很接近生物体。例如,iRobot 的六足 JamBot 使用称为 6 JMU 的驱动器,OtherLab 研制的充气机器人 Pneubot 使用面料和气动驱动。这些项目都指向一个充满诱人的未来。

4. 基于智能设备的机器人

机器人可以由传感器、处理器、显示设备、网络等元素组成。智能手机和平板电脑似乎具备了这些特性。例如,iRobot 公司已经开发出一个叫 Ava 的远程机器人,可以在平板电脑上使用。再如,两个西雅图的工程师从募捐网站 Kickstarter 拿到 10 万美元并迅速开发出一个可爱智能手机机器人 Romo,如图 7-34 所示。这两个例子代表着一种趋势,移动设备领域上的机器人开发潜力巨大。苹果的 iOS 和谷歌的 Android 兴起了前所未有的创新浪潮,未来将有更多的机器人从移动实验室进入市场,智能设备的加入将使机器人会变得更聪明。

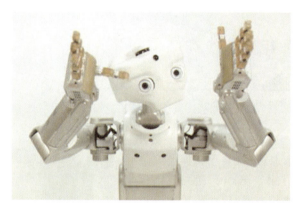

图 7-33　M1 机器人

图 7-34　智能手机机器人 Romo

知识、技能归纳

多台工业机器人的同时协同工作更具高效率,机器人的"五官"(视觉、听觉、触觉等)使它更具有人的特征了。最先进的机器人不仅在工业生产领域在改变着工业的发展,还有更多的机器人在改变着人们未来的生活。

工程素质培养

机器人世界很奇妙,人们的工作和生活正悄悄地被机器人改变着。请读者关注《智能制造科技发展"十二五"专项规划》和《服务机器人科技发展"十二五"专项规划》。

附件 1:RAPID 程序指令与功能

1. 程序执行的控制

（1）程序的调用

指　令	功能说明
ProcCall	调用例行程序
CallByVar	通过带变量的例行程序名称调用例行程序
RETURN	返回原例行程序

（2）例行程序内的逻辑控制

指　令	功能说明
Compact IF	如果条件满足,就执行一条指令
IF	当满足不同的条件时,执行对应的程序
FOR	根据指定的次数,重复执行对应的程序
WHILE	如果条件满足,重复执行对应的程序
TEST	对一个变量进行判断,从而执行不同的程序
GOTO	跳转到例行程序内标签的位置
Label	跳转标签

（3）停止程序执行

指　令	功能说明
Stop	停止程序执行
EXIT	停止程序执行并禁止在停止处再开始
Break	临时停止程序的执行,用于手动调试
SystemStopAction	停止程序执行与机器人运动
ExitCycle	中止当前程序的运行并将程序指针 PP 复位到主程序的第一条指令。如果选择了程序连续运行模式,程序将从主程序的第一句重新执行

2. 变量指令

（1）对数据进行赋值

指　令	功能说明
:=	对程序数据进行赋值

（2）等待指令

指　令	功能说明
WaitTime	等待一个指定的时间，程序再往下执行
WaitUntil	等待一个条件满足后，程序继续往下执行
WaitDI	等待一个输入信号状态为设定值
WaitDO	等待一个输出信号状态为设定值

（3）程序注释

指　令	功能说明
Comment	对程序进行注释

（4）程序模块加载

指　令	功能说明
Load	从机器人硬盘加载一个程序模块到运行内存
UnLoad	从运行内存中卸载一个程序模块
Start Load	在程序执行的过程中，加载一个程序模块到运行内存中
Wait Load	当 Start Load 使用后，使用此指令将程序模块连接到任务中使用
Cancel Load	取消加载程序模块
CheckProgRef	检查程序引用
Save	保存程序模块
EraseModule	从运行内存删除程序模块

（5）变量功能

指　令	功能说明
TryInt	判断数据是否有效的整数
OpMode	读取当前机器人的操作模式
RunMode	读取当前机器人程序的运行模式

指　令	功能说明
NonMotionMode	读取程序任务当前是否无运动的执行模式
Dim	获取一个数组的维数
Present	读取带参数例行程序的可选参数值
IsPers	判断一个参数是不是可变量
IsVar	判断一个参数是不是变量

（6）转换功能

指　令	功能说明
StrToByte	将字符串转换为指定格式的字节数据
ByteToStr	将字节数据转换为字符串

3. 运动设定

（1）速度设定

指　令	功能说明
MaxRobSpeed	获取当前型号机器人可实现的最大 TCP 速度
VelSet	设定最大的速度与倍率
SpeedRefresh	更新当前运动的速度倍率
AccSet	定义机器人的加速度
WorldAccLim	设定大地坐标中工具与载荷的加速度
PathAccLim	设定运动路径中 TCP 的加速度

（2）轴配置管理

指　令	功能说明
ConfJ	关节运动的轴配置控制
ConfL	线性运动的轴配置控制

（3）奇异点的管理

指　令	功能说明
SingArea	设定机器人运动时,在奇异点的插补方式

（4）位置偏置功能

指　令	功能说明
PDispOn	激活位置偏置
PDispSet	激活指定数值的位置偏置
PDispOff	关闭位置偏置
EOffsOn	激活外轴偏置
EOffsSet	激活指定数值的外轴偏置
EOffsOff	关闭外轴位置偏置
DefDFrame	通过3个位置数据计算出位置的偏置
DefFrame	通过6个位置数据计算出位置的偏置
ORobT	从一个位置数据删除位置偏置
DefAccFrame	从原始位置和替换位置定义一个框架

（5）软伺服功能

指　令	功能说明
SoftAct	激活一个或多个轴的软伺服功能
SoftDeact	关闭软伺服功能

（6）机器人参数调整功能

指　令	功能说明
TuneServo	伺服调整
TuneReset	伺服调整复位
PathResol	几何路径精度调整
CirPathMode	在圆弧插补运动时，工具姿态的变换方式

（7）空间监控管理

指　令	功能说明
WZBoxDef	定义一个方形的监控空间
WZCylDef	定义一个圆柱形的监控空间
WZSphDef	定义一个球形的监控空间
WZHomeJointDef	定义一个关节轴坐标的监控空间
JointDef	定义一个限定为不可进入的关节轴坐标监控空间

指　令	功能说明
WZLimSup	激活一个监控空间并限定为不可进入
WZDOSet	激活一个监控空间并与一个输出信号关联
WZEnable	激活一个临时的监控空间
WZFree	关闭一个临时的监控空间

注：这些功能需要选项"World Zones"配合。

4. 运动控制

（1）机器人运动控制

指　令	功能说明
MoveC	TCP 圆弧运动
MoveJ	关节运动
MoveL	TCP 线性运动
MoveAbsJ	轴绝对角度位置运动
MoveExtJ	外部直线轴和旋转轴运动
MoveCDO	TCP 圆弧运动的同时触发一个输出信号
MoveJDO	关节运动的同时触发一个输出信号
MoveLDO	TCP 线性运动的同时触发一个输出信号
MoveCSync	TCP 圆弧运动的同时执行一个例行程序
MoveJSync	关节运动的同时执行一个例行程序
MoveLSync	TCP 圆弧运动的同时执行一个例行程序

（2）搜索功能

指　令	功能说明
SearchC	TCP 圆弧搜索运动
SearchL	TCP 线性搜索运动
SearchExtJ	外轴搜索运动

（3）指定位置触发信号与中断功能

指　令	功能说明
TriggIO	定义触发条件在一个指定的位置触发输出信号
TriggInt	定义触发条件在一个指定的位置触发中断信号

指　令	功能说明
TriggCheckIO	定义一个指定的位置进行 I/O 状态的检查
TriggEquip	定义触发条件在一个指定的位置触发输出信号,并对信号响应的延迟进行补偿设定
TriggRampAO	定义触发条件在一个指定的位置触发模拟输出信号,并对信号响应的延迟进行补偿设定
TriggC	带触发事件的圆弧运动
TriggJ	带触发事件的关节运动
TriggL	带触发事件的线性运动
TriggLIOs	在一个指定的位置触发输出信号的线性运动
StepBwdPath	在 RESTART 的事件程序中进行路径的返回
TriggStopProc	在系统中创建一个监控处理,用于在 STOP 和 QSTOP 中需要信号复位和程序数据复位的操作
TriggSpeed	定义模拟输出信号与实际 TCP 速度之间的配合

（4）出错或中断时的运动控制

指　令	功能说明
StopMove	停止机器人运动
StartMove	重新启动机器人运动
StartMoveRetry	重新启动机器人运动及相关的参数设定
StopMoveReset	对停止运动状态复位,但不重新启动机器人运动
StorePath	存储已生成的最近路径
RestoPath	重新生成之前存储路径
ClearPath	在当前的运动路径级别中,清空整个运动路径
PathLevel	获取当前路径级别
SyncMoveSuspend	在 StorePath 的路径级别中暂停同步坐标的运动
SyncMoveResume	在 StorePath 的路径级别中重返同步坐标的运动

注:这些功能需要选项"Path Recovery"配合。

指　令	功能说明
IsStopMoveAct	获取当前停止运动标志符

（5）外轴的控制

指　令	功能说明
DeactUnit	关闭一个外轴单元
ActUnit	激活一个外轴单元
MechUnitLoad	定义外轴单元的有效载荷
GetNextMechUnit	检索外轴单元在机器人系统中的名字
IsMechUnitActive	检查一个外轴单元状态是关闭/激活

（6）独立轴控制

指　令	功能说明
IndAMove	将一个轴设定为独立轴模式并进行绝对位置方式运动
IndCMove	将一个轴设定为独立轴模式并进行连续方式运动
IndDMove	将一个轴设定为独立轴模式并进行角度方式运动
IndRMove	将一个轴设定为独立轴模式并进行相对位置方式运动
IndReset	取消独立轴模式
IndInpos	检查独立轴是否已达到指定位置
IndSpeed	检查独立轴是否已达到指定速度

注:这些功能需要选项"Independent Movement"配合。

（7）路径修正功能

指　令	功能说明
CorrCon	连接一个路径修正生成器
CorrWrite	将路径坐标系中的修正值写到修正生成器
CorrDiscon	断开一个已连接的路径修正生成器
CorrClear	取消所有已连接的路径修正生成器
CorrRead	读取所有已连接的路径修正生成器的总修正值

注:这些功能需要选项"Path Offset or RobotWare-Arc Sensor"配合。

（8）路径记录功能

指　令	功能说明
PathRecStart	开始记录机器人路径
PathRecStop	停止记录机器人路径
PathRecMoveBwd	机器人根据记录的路径作后退运动

指　令	功能说明
PathRecMoveFwd	机器人运动到执行 PathRecMoveBwd 这个指令的位置上
PathRecValidBwd	检查是否已激活路径记录和是否有可后退的路径
PathRecValidFwd	检查是否有可向前的记录路径

注：这些功能需要选项"Path Recovery"配合。

（9）输送链跟踪功能

指　令	功能说明
WaitWObj	等待输送链上的工件坐标
DropWObj	放弃输送链上的工件坐标

注：这些功能需要选项"Conveyor Tracking"配合。

（10）传感器同步功能

指　令	功能说明
WaitSensor	将一个在开始窗口的对象与传感器设备关联起来
SyncToSensor	开始/停止机器人与传感器设备的运动同步
DropSensor	断开当前对象的连接

注：这些功能需要选项"Sensor Synchronization"配合。

（11）有效载荷与碰撞检测

指　令	功能说明
MotionSup	激活/关闭运动监控
LoadID	工具或有效载荷的识别
ManLoadID	外轴有效载荷的识别

注：这些功能需要选项"Collision Detection"配合。

（12）关于位置的功能

指　令	功能说明
Offs	对机器人位置进行偏移
RelTool	对工具的位置和姿态进行偏移
CalcRobT	从 jointtarget 计算出 robtarget
CPos	读取机器人当前的 X、Y、Z
CRobT	读取机器人当前的 robtarget
CJointT	读取机器人当前的关节轴角度

续表

指　令	功能说明
ReadMotor	读取轴电动机当前的角度
CTool	读取工具坐标当前的数据
CWObj	读取工件坐标当前的数据
MirPos	镜像一个位置
CalcJiontT	从 robtarget 计算出 jointtarget
Distance	计算两个位置的距离
PFRestart	检查当路径因电源关闭而中断的时候
CSpeedOverride	读取当前使用的速度倍率

5. 输入/输出信号的处理

（1）对输入/输出信号的值进行设定

指　令	功能说明
InvertDO	对一个数字输出信号的值置反
PulseDO	数字输出信号进行脉冲输出
Reset	将数字输出信号置为 0
Set	将数字输出信号置为 1
SetAO	设定模拟输出信号的值
SetDO	设定数字输出信号的值
SetGO	设定组输出信号的值

（2）读取输入/输出信号值

指　令	功能说明
AOutput	读取模拟输出信号的当前值
DOutput	读取数字输出信号的当前值
GOutput	读取组输出信号的当前值
TestDI	检查一个数字输入信号已置 1
ValidIO	检查 I/O 信号是否有效
WaitDI	等待一个数字输入信号的指定状态
WaitDO	等待一个数字输出信号的指定状态
WaitGI	等待一个组输入信号的指定状态
WaitGO	等待一个组输出信号的指定状态

指　　令	功能说明
WaitAI	等待一个模拟输入信号的指定状态
WaitAO	等待一个模拟输出信号的指定状态

（3）I/O 模块的控制

指　　令	功能说明
IODisable	关闭一个 I/O 模块
IOEnable	开启一个 I/O 模块

6. 通信功能

（1）示教器上人机界面的功能

指　　令	功能说明
TPErase	清屏
TPWrite	在示教器操作界面上写信息
ErrWrite	在示教器实践日志中写报警信息并储存
TPReadFK	互动的功能键操作
TPReadNum	互动的数字键盘操作
TPShow	通过 RAPID 程序打开指定的窗口

（2）通过串口进行读写

指　　令	功能说明
Open	打开串口
Write	对串口进行写文本操作
Close	关闭串口
WriteBin	写一个二进制的操作
WriteAnyBin	写任意二进制的操作
WriteStrBin	写字符的操作
Rewind	设定文件开始的位置
ClearIOBuff	清空串口的输入缓冲
ReadAnyBin	从串口读取任意的二进制数
ReadNum	读取数字量
ReadStr	读取字符串

指　令	功能说明
ReadBin	从二进制串口读取数据
ReadStrBin	从二进制串口读取字符串

（3）Sockets 通信

指　令	功能说明
SocketCreate	创建新的 Sockets
SocketConnect	连接远程计算机
SocketSend	发送数据到远程计算机
SocketReceive	从远程计算机接收数据
SocketClose	关闭 Sockets
SocketGetStatus	获取当前 Sockets 状态

7. 中断程序

（1）中断设定

指　令	功能说明
CONNECT	连接一个中断符号到中断程序
ISignalDI	使用一个数字输入信号触发中断
ISignalDO	使用一个数字输出信号触发中断
ISignalGI	使用一个组输入信号触发中断
ISignalGO	使用一个组输出信号触发中断
ISignalAI	使用一个模拟输入信号触发中断
ISignalAO	使用一个模拟输出信号触发中断
ITime	计时中断
TriggInt	在一个指定的位置触发中断
IPers	使用一个可变量触发中断
IError	当一个错误发生时触发中断
IDelete	取消中断

（2）中断控制

指　令	功能说明
ISleep	关闭一个中断

指　　令	功能说明
IWatch	激活一个中断
IDisable	关闭所有中断
IEnable	激活所有中断

8. 系统相关的指令（时间控制）

指　　令	功能说明
ClkReset	计时器复位
ClkStart	计时器开始计时
ClkStop	计时器停止计时
ClkRead	读取计时器数值
CDate	读取当前日期
CTime	读取当前时间
GetTime	读取当前时间为数字型数据

9. 数学运算

（1）简单运算

指　　令	功能说明
Clear	清空数值
Add	加或减操作
Incr	加 1 操作
Decr	减 1 操作

（2）算术功能

指　　令	功能说明
Abs	取绝对值
Round	四舍五入
Trunc	舍位操作
Sqrt	计算二次根
Exp	计算指数值 ex
Pow	计算指数值
ACos	计算圆弧余弦值

指　令	功能说明
ASin	计算圆弧正弦值
ATan	计算圆弧正切值[−90,90]
ATan2	计算圆弧正切值[−180,180]
Cos	计算余弦值
Sin	计算正弦值
Tan	计算正切值
EulerZYX	从姿态计算欧拉角
OrientZYX	从欧拉角计算姿态

附件 2：安全 I/O 信号

在控制器的基本和标准形式中，某些 I/O 信号专用于特定的安全功能。以下表格是所有安全 I/O 信号可以在 FlexPendant 上的 I/O 菜单中查看的。

信号名称	说　明	位值说明	应用范围
ES1	紧急停止，链 1	1＝链关闭	从配电板到主机
ES2	紧急停止，链 2	1＝链关闭	从配电板到主机
SOFTESI	软紧急停止	1＝启用软停止	从配电板到主机
EN1	使动装置 1 和 1，链 2	1＝启用	从配电板到主机
EN2	使动装置 1 和 2，链 2	1＝启用	从配电板到主机
AUTO1	操作模式选择器，链 1	1＝选择自动	从配电板到主机
AUTO2	操作模式选择器，链 2	1＝选择自动	从配电板到主机
MAN1	操作模式选择器，链 1	1＝选择手动	从配电板到主机
MANFS1	操作模式选择器，链 1	1＝选择全速手动	从配电板到主机
MAN2	操作模式选择器，链 2	1＝选择手动	从配电板到主机
MANFS2	操作模式选择器，链 2	1＝选择全速手动	从配电板到主机
USERDOOVLD	过载，用户数字输出	1＝错误，0＝正确	从配电板到主机
MONPB	电机开启按钮	1＝按钮按下	从配电板到主机
AS1	自动停止，链 1	1＝链关闭	从配电板到主机
AS2	自动停止，链 2	1＝链关闭	从配电板到主机
SOFTASI	软自动停止	1＝启用软停止	从配电板到主机
GS1	常规停止，链 1	1＝链关闭	从配电板到主机
GS2	常规停止，链 2	1＝链关闭	从配电板到主机
SOFTGSI	软常规停止	1＝启用软停止	从配电板到主机
SS1	上级停止，链 1	1＝链关闭	从配电板到主机
SS2	上级停止，链 2	1＝链关闭	从配电板到主机
SOFTSSI	软上级停止	1＝启用软停止	从配电板到主机
CH1	运行链 1 中的所有开关已关闭	1＝链关闭	从配电板到主机
CH2	运行链 2 中的所有开关已关闭	1＝链关闭	从配电板到主机

续表

信号名称	说　明	位值说明	应用范围
ENABLE1	从主机启用（回读）	1＝启用，0＝中断链 1	从配电板到主机
ENABLE2_1	从轴计算机 1 启用	1＝启用，0＝中断链 2	从配电板到主机
ENABLE2_2	从轴计算机 2 启用	1＝启用，0＝中断链 2	从配电板到主机
ENABLE2_3	从轴计算机 3 启用	1＝启用，0＝中断链 2	从配电板到主机
ENABLE2_4	从轴计算机 4 启用	1＝启用，0＝中断链 2	从配电板到主机
PANEL24OVLD	过载，面板 24 V	1＝错误，0＝正确	从配电板到主机
DRVOVLD	过载，驱动模块	1＝错误，0＝正确	从配电板到主机
DRV1LIM1	限位开关后的链 1 回读	1＝链 1 关闭	从轴计算机到主机
DRV1LIM2	限位开关后的链 2 回读	1＝链 2 关闭	从轴计算机到主机
DRV1K1	接触器 K1，链 1 回读	1＝K1 关闭	从轴计算机到主机
DRV1K2	接触器 K2，链 2 回读	1＝K2 关闭	从轴计算机到主机
DRV1EXTCONT	外部接触器关闭	1＝接触器关闭	从轴计算机到主机
DRV1PANCH1	接触器线圈 1 驱动电压	1＝施加电压	从轴计算机到主机
DRV1PANCH2	接触器线圈 2 驱动电压	1＝施加电压	从轴计算机到主机
DRV1 SPEED	操作模式回读已选定	0＝手动模式低速	从轴计算机到主机
DRV1TEST1	检测到运行链 1 中的 dip	已切换	从轴计算机到主机
DRV1TEST2	检测到运行链 2 中的 dip	已切换	从轴计算机到主机
SOFTESO	软紧急停止	1＝设置软紧急停止	从主机到配电板
SOFTASO	软自动停止	1＝设置软自动停止	从主机到配电板
SOFTGSO	软常规停止	1＝设置软常规停止	从主机到配电板
SOFTSSO	软上级停止	1＝设置软上级紧急停止	从主机到配电板
MOTLMP	电机开启指示灯	1＝指示灯开启	从主机到配电板
TESTEN1	启用 1 测试	1＝启动测试	从主机到配电板
DRV1CHAIN1	互锁电路信号	1＝关闭链 1	从主机到轴计算机 1
DRV1CHAIN2	互锁电路信号	1＝关闭链 2	从主机到轴计算机 1
DRV1BRAKE	制动器释放线圈信号	1＝释放制动器	从主机到轴计算机 1

参考文献

[1] 叶晖，管小清.工业机器人实操与应用技巧[M].北京：机械工业出版社，2010.

[2] 叶晖.工业机器人典型应用案例精析[M].北京：机械工业出版社，2013.

[3] 吕景泉.工业机械手与智能视觉系统[M].北京：中国铁道出版社，2014.

[4] 吕景泉，汤晓华.机器人技术应用[M].北京：中国铁道出版社，2012.

[5] 蒋刚，等.工业机器人[M].成都：西南交通大学出版社，2011.

[6] 李明.机器人[M].上海：上海科学技术出版社，2012.

[7] 张福学.机器人学：智能机器人传感技术[M].北京：电子工业出版社，1996.

郑重声明

高等教育出版社依法对本书享有专有出版权。任何未经许可的复制、销售行为均违反《中华人民共和国著作权法》，其行为人将承担相应的民事责任和行政责任；构成犯罪的，将被依法追究刑事责任。为了维护市场秩序，保护读者的合法权益，避免读者误用盗版书造成不良后果，我社将配合行政执法部门和司法机关对违法犯罪的单位和个人进行严厉打击。社会各界人士如发现上述侵权行为，希望及时举报，我社将奖励举报有功人员。

反盗版举报电话　（010）58581999　58582371
反盗版举报邮箱　dd@hep.com.cn
通信地址　北京市西城区德外大街 4 号　高等教育出版社法律事务部
邮政编码　100120